Psychologisches Projektmanagement

Leif Rogell

Psychologisches Projektmanagement

Leif Rogell

„Wenn Du ein Schiff bauen willst, dann trommle nicht Männer zusammen, um Holz zu beschaffen, Aufgaben zu vergeben und die Arbeit einzuteilen, sondern lehre die Männer die Sehnsucht nach dem weiten, endlosen Meer"

- Antoine de Saint-Exupéry

Bibliografische Information der Deutschen Nationalbibliothek: Die Deutsche Nationalbibliothek verzeichnet diese Publikation in der Deutschen Nationalbibliografie; detaillierte bibliografische Daten sind im Internet über http://dnb.dnb.de abrufbar.

bad project e.K.
Inh. Leif Rogell
R7 24
68161 Mannheim
www.bad-project.de

Herstellung und Verlag: BoD – Books on Demand, Norderstedt

ISBN: 978-3-75197-685-5

Hinweis: Aus Gründen der Lesbarkeit wurde im Text die männliche Form gewählt, nichtsdestoweniger beziehen sich die Angaben in diesem Buch auf Angehörige aller Geschlechter

Bildnachweis: iStock.com/Jolygon (Vorderseite)

Inhaltsverzeichnis

Vorwort ... 9

1. Einführung: Projekte ... 11

1.1. Definition des Projektbegriffes ... 12

1.2. Das Entstehen der modernen Projektmanagementmethoden ... 15

1.3. Psychologisches Projektmanagement ... 16

1.4. Zusammenfassung ... 18

2. Gruppenrollen in Projektteams ... 19

2.1. Formale Gruppenrollen ... 20

2.2. Informelle Gruppenrollen ... 22

2.3. Zusammensetzung eines Teams ... 32

2.4. Phasen der Teamentwicklung ... 38

2.5. Zusammenfassung ... 46

3. Gruppennormen in Projekten ... 49

3.1. Identitäten und Einstellungen ... 49

3.2. Werte ... 54

3.3. Normen ... 60

3.4. Zusammenfassung ... 63

4. Leistung & Motivation ... 65

4.1. Unterschiedliche Motivationsmodelle ... 65

4.2. Äußere und innere Triebkräfte ... 80

4.3. Ziele als Motivationsfaktor ... 86

4.4. Zusammenfassung ... 90

5. Störfaktoren und Konflikte ... 91

5.1. Definition eines Konfliktes ... 91

5.2. Konfliktepisoden ... 101

5.3. Lösungsstrategien ... 108

5.4. Zusammenfassung ... 116

6. Beziehungen in Projektteams ... 117

6.1. Erste Eindrücke: die Theorie ... 117

6.2. Zusammenfassung ... 130

7. Lernstile während der Projektarbeit ... 133

7.1. Lernen & Lerntheorien ... 133

7.2. Lernstile nach Kolb ... 137
7.3. Zusammenfassung ... 144
8. Projektkultur ... 147
8.1. Definition von Kultur ... 147
8.2. Feedback und Kritik ... 147
8.3. Fehlerkultur ... 152
8.4. Besprechungskultur ... 156
8.5. Kulturschock: Internationale Projektteams ... 157
8.6. Zusammenfassung ... 161
9. Leadership für Projektleiter ... 163
9.1. Verantwortung ohne Autorität ... 163
9.2. Entwicklung von Leadership-Theorien ... 177
9.3. Team & Projekt Leadership ... 189
9.4. Zusammenfassung ... 200
10. Selbstentwicklung und Resilienz ... 201
10.1. Selbsteinsicht ... 201
10.2. Bildung ... 204
10.3. Selbstentwicklung ... 213
10.4. Resilienz ... 223
10.5. Zusammenfassung ... 225
11. Virtuelle Projektteams ... 227
11.1. Herausforderungen ... 227
11.2. Handlungsempfehlungen ... 237
11.3. Zusammenfassung ... 243
Quellen ... 245
Abbildungsverzeichnis ... 249

Vorwort

Sehr geehrte Leser*In,

Wer einer Routinearbeit in einer traditionellen Aufbauorganisation nachgeht, z. B. Gehälter auszahlen in einem Großunternehmen oder Schrauben herstellen in einer Fabrik, kann grundsätzlich von der Ausbildung bis zur Rente mit mehr oder weniger den gleichen Arbeitskollegen zusammenarbeiten. Dabei lernt man diese gut kennen, sowohl deren gute als auch die weniger guten Seiten und Eigenarten. Im Laufe der Jahre etabliert sich in der Abteilung eine Ordnung, eine Teamstruktur, und man lernt, wie man mit den anderen Kollegen individuell umgehen kann.

In der Projektarbeit werden ständig neue Aufgaben bewältigt. Da unterschiedliche Aufgaben unterschiedliche Kompetenzen verlangen, werden die Organisation und das Team für jedes Projekt neu zusammengestellt, um den anstehenden Herausforderungen zu begegnen. Diese Art und Weise der Zusammenarbeit gewinnt immer mehr an Beliebtheit und lässt sich in Form von z. B. Matrixorganisationen beobachten. Wenn die Arbeitsgruppe bzw. das Projektteam immer wieder neu gestaltet wird, erhöht sich die Wahrscheinlichkeit, dass Kollegen, die einander nicht so gut kennen, zusammenarbeiten müssen. Dabei erhöht sich das Risiko für Missverständnisse und Konflikte erheblich.

Die Besonderheiten dieser 'oberflächlichen Beziehungen' eines Projektteams sind das Thema dieses Buches. Wer die Psychologie solcher Situationen versteht, kann das Verhalten der Kollegen besser einschätzen und gegebenenfalls in die richtige Richtung lenken. Was passiert, wenn Leute sich zum ersten Mal sehen, wie Menschen auf unbekannte Situationen reagieren, wie sich Verhaltensnormen in Projektteams sehr schnell etablieren, wie aus einer Projektgruppe ein Projektteam entsteht, wie die Unternehmenskultur die Projektarbeit beeinflusst und wie persönliche Konflikte schnell zu Störfaktoren der Projektarbeit werden können wird in diesem Buch genauer betrachtet.

Von einem erfolgreichen Projektleiter wird erwartet, dass er mit all diesen Aspekten und Faktoren menschlichen Verhaltens umgehen kann und in seiner Projektleitung berücksichtigt und entsprechend lenkt.

Viel Vergnügen beim Lesen und Nachdenken!

Leif Rogell

1. Einführung: Projekte

„Projekt" hört man heute in allen möglichen Kontexten. Im Privaten wird beispielsweise das „Mit den Kindern in den Urlaub fahren" als ein privates Projekt bezeichnet. Oftmals kann man auch beobachten, dass Unternehmen Routineaufgaben als Projekte verkaufen. In der Wissenschaft arbeiten Forschungsgruppen an Forschungsprojekten, oder junge, noch nicht etablierte Musikgruppen bezeichnen sich selbst als Projekte. Politiker sprechen gerne über z. B. Wohnprojekte oder Arbeitslosenprojekte. In Unternehmen gibt es inzwischen viele Stellen, die als „Projektleiter" oder „Projektmanager" bezeichnet werden, unabhängig von den tatsächlichen Arbeitsaufgaben.

Die große Bandbreite an Verwendungsmöglichkeiten des Wortes ‚Projekt' erschwert die Definition und Abgrenzung eines Projekts in betriebswirtschaftlichem Sinne. Das Wort Projekt stammt im Übrigen aus dem Lateinischen *„proiectum"* und bedeutet ‚nach vorn geworfen'. Auch, wenn eine einheitliche Definition eines Projektes noch fehlt, wird Projekt in diesem Buch als ‚eine betriebswirtschaftliche Organisationsform, in welcher eine Person (oder Gruppe) die einmalige Aufgabe erhält, ein bestimmtes Ziel mit einem bestimmten Budget zu erreichen.' In den nächsten Abschnitten wird diese Definition näher erläutert. Die Frage ist also nicht, ob eine Aufgabe ein Projekt ist, sondern vielmehr, ob es sinnvoll ist, die Aufgabe in Form eines Projekts zu betreiben.

1.1. Definition des Projektbegriffes

Als Projekt in einem unternehmerischen Kontext wird eine betriebliche Organisations- und Arbeitsform mit den folgenden Merkmalen definiert:

- einmalige Aufgabe
- zeitliche Begrenzung
- Zustandsveränderung
- Wertsteigerung
- unternehmerischer Kontext der Initiierung

1.1.1. Eine einmalige Aufgabe

Typische Routinearbeiten in einem Unternehmen sind z. B. das Auszahlen von Löhnen oder das Putzen der Räumlichkeiten. Bei Routinearbeiten hat man gewöhnlich Zeit, sich einzuarbeiten. Man lernt immer wieder dazu und sammelt Erfahrungswerte, und das Ergebnis lässt sich ohne größere Mühe auf einem ausreichend hohen Niveau aufrechterhalten. Hier kann eine weitere Optimierung aufgrund eines Vergleichs mit festen Arbeitsabläufen, Erfahrungswerten und Prozessen (SOPs) vorangetrieben werden. Projekte dagegen sind einmalige Vorhaben, bei denen das Ergebnis am Ende des Projektes an die auftraggebende Organisation übergeben und dort entweder in eine Routinearbeit überführt oder als Ausgangspunkt für ein neues Projekt verwendet wird. Allerdings können auch Routinearbeiten als Projekte betrieben werden, so z. B., wenn ein Autohersteller, der im Normalbetrieb 100 Autos pro Monat baut, plötzlich einen Auftrag über 1.000 Autos zum Monatsende erhält. Da dieses

Auftragsvolumen in diesem Fall einmalig ist, könnte es sich lohnen, die Arbeit als Projekt zu organisieren. Auch die Komplexität einer Aufgabe kann zu dem Projektcharakter beitragen.

1.1.2. Zeitliche Begrenzung

Ein Auto zu bauen (entwickeln) ist ein Projekt, 100 Autos pro Monat zu bauen ist repetitive ‚Fließbandarbeit'. Für repetitive Arbeiten erstellt man normalerweise Richtlinien und Arbeitsanweisungen. Es ergibt wenig Sinn, für jedes Auto einen neuen Projektplan zu schreiben und ein neues Projektteam zu benennen. Wenn man aber nur ein Auto bauen (oder entwickeln) möchte, kann man problemlos einen Plan davor und einen Plan danach erstellen. Bei der Fertigung eines Autos ist die zeitliche Begrenzung eines Projektes leicht zu sehen, da es einen natürlichen Punkt gibt, an welchem das Projektergebnis an die Organisation übergeben wird und das Projektteam sich neuen Aufgaben widmen kann.

1.1.3. Zustandsveränderung

In einem Projekt entsteht immer etwas Neues, unabhängig davon, ob es sich um ein neues Produkt oder einen neuen Prozess handelt. Vor einem Projekt gibt es immer den Ist-Zustand. Nach dem Projekt wird sich dieser Zustand in einen zukünftigen Soll-Zustand umwandeln, indem man das Projektziel erfüllt hat.

1.1.4. Wertsteigerung

Aus unternehmerischer Sicht müssen betriebliche Projekte immer einen Geschäftswert erzeugen. Projekte – oder wenigstens das Projektziel – führen immer zu einem Mehrwert für das Unternehmen. Dadurch können auch weniger spektakuläre Aufgaben oder sogar Routineaufgaben als Projekte betrieben werden. Ein Beispiel wäre z. B. eine Demonstration für einen potenziellen Neukunden, da man sich dadurch erhofft, einen größeren Auftrag zu erhalten. Mit Blick auf den neuen Auftrag möchte man daher zusätzliche Ressourcen in die Kundendemonstration investieren.

Eine solche Wertsteigerung kann sowohl konkret als auch abstrakt sein. Beispiele für eine konkrete Wertsteigerung wären monetäre Mittel, Marktanteile oder Produkte. Beispiele für eine abstrakte Wertsteigerung wären Markenbekanntheit, öffentliches Interesse und Reputation.

1.1.5. Unternehmerischer Kontext der Initiierung

Unternehmen agieren nicht allein und isoliert, sondern werden von anderen Akteuren (Stakeholdern) z. B. Konkurrenten, Aktionären, Mitarbeitern, Behörden oder den Endkunden beeinflusst. Projekte werden in erster Linie als Reaktion auf innere oder äußere Umweltfaktoren initiiert. Beispiele können die Erfüllung von (neuen) regulatorischen Anforderungen, veränderte Bedürfnisse der Stakeholder oder Shareholder, Anpassung geschäftlicher Strategien oder die Erstellung bzw. Verbesserung von Produkten oder Dienstleistungen sein.

Abbildung 1: Projektmerkmale

1.2. Das Entstehen der modernen Projektmanagementmethoden

Wenn man die gerade beschriebene Projektdefinition betrachtet, versteht man schnell, dass es Projekte als Arbeitsform mindestens schon seit Beginn der Industrialisierung gibt. Auch zu dieser Zeit wurden Betriebsstätten etabliert, außergewöhnlich große Aufträge wurden ausgeführt, neue Produkte wurden entwickelt und betriebliche Prozesse wurden grundlegend überarbeitet. All dies passt zu der modernen Projektdefinition.

Allerdings wurden viele der Werkzeuge, die innerhalb des modernen Projektmanagements selbstverständlich sind, wie etwa die Stakeholderanalyse, der Projektstrukturplan und Gantt-Charts, von der US-amerikanischen Luftwaffe erst in den 1950-er Jahren entwickelt. Grund dafür war damals die Entwicklung mehrerer neuer Kampfflugzeuge. Zu diesem Zeitpunkt waren alle Unternehmen und insbesondere die Armee als hierarchische und starre Aufbauorganisationen aufgebaut. Das Einrichten eines Project Management Office (PMO) in der Luftwaffe war damals ein einschneidendes Ereignis, welches teilweise mit großer Skepsis betrachtet wurde. Auch bekannte Auswertungsmethoden wie „Earned Value" stammen aus dieser Zeit.

1.3. Psychologisches Projektmanagement

Wer einer Routinearbeit in einer traditionellen Aufbauorganisation nachgeht, z. B. Gehälter in einem Großunternehmen auszahlt oder Schrauben in einer Fabrik herstellt, kann grundsätzlich von der Ausbildung bis zur Rente mit den mehr oder weniger gleichen Arbeitskollegen zusammenarbeiten. Dabei lernt man diese und ihre unterschiedlichen Charaktereigenschaften – sowohl die guten als auch die weniger gute Seiten – sehr gut kennen. Im Laufe der Jahre etabliert sich in der Abteilung eine Ordnung und man lernt, wie man optimal mit den anderen Kollegen umgehen kann.

Innerhalb der Projektarbeit werden ständig neue Aufgaben bewältigt. Da unterschiedliche Aufgaben unterschiedliche Kompetenzen verlangen, werden in der Regel für jedes Projekt die Projektorganisation und das Projektteam neu zusammengesetzt, um die anstehenden Herausforderungen optimal zu bewältigen. Diese Art und Weise der Teamarbeit gewinnt immer mehr an Beliebtheit und lässt sich insbesondere in Matrixorganisationen beobachten.

Wenn die Arbeitsgruppe oder das Projektteam immer wieder neu zusammengestellt wird, erhöht sich die Wahrscheinlichkeit, dass Kollegen, welche einander nicht so gut kennen, zusammenarbeiten müssen. Damit steigt auch das Risiko für Missverständnisse und Konflikte.

Die Besonderheiten dieser ‚oberflächlichen Beziehungen' eines Projektteams ist Thema dieses Buches. Wer die Psychologie solcher Situationen und Konstellationen versteht, kann das Verhalten und die Absichten der Kollegen besser einschätzen und gegebenenfalls in die richtige Richtung lenken. Es geht darum, was passiert, wenn Leute sich zum ersten Mal begegnen, wie unterschiedlich Menschen auf ihnen unbekannte Situationen reagieren, wie sich Verhaltensnormen in Projektteams sehr schnell etablieren, wie die Emotionen von Stakeholdern sich erklären lassen, wie die Unternehmenskultur die Projektarbeit beeinflusst, wie Konflikte schnell zu Störfaktoren der Projektarbeit werden können und wie aus einer Projektgruppe schließlich ein Projektteam entsteht.

Von einem erfolgreichen Projektleiter wird erwartet, dass er mit all diesen Aspekten und Faktoren menschlichen Verhaltens umgehen kann und diese in seiner Projektleitung berücksichtigt.

1.4. Zusammenfassung

Ein Projektleiter muss sich nicht nur mit Projektmanagementmethoden, wirtschaftlichen Fragestellungen, wirtschaftlichen Zielen und Projektorganisation gut auskennen, sondern auch mit psychologischen Aspekten der menschlichen Zusammenarbeit innerhalb der Projektumgebungen.

2. Gruppenrollen in Projektteams

In einer Projektorganisation existieren unterschiedliche Rollen, die alle Beteiligte annehmen. Zum einen gibt es die formalen Rollen. Darunter sind die Rollen zu verstehen, welche durch die Projektorganisation definiert werden. Dies sind die offiziellen Mitarbeiterbezeichnungen und -rollen. So wird zum Beispiel ein Projektauftraggeber benannt, ein Lenkungsausschuss wird berufen und der Projektleiter wird beauftragt. Später in diesem Kapitel werden wir sehen, dass insbesondere am Anfang des Projekts die formalen Rollen von hoher Bedeutung und Wichtigkeit sind. Die formale Struktur eines Projektteams lässt sich grundsätzlich sehr einfach bildlich darstellen.

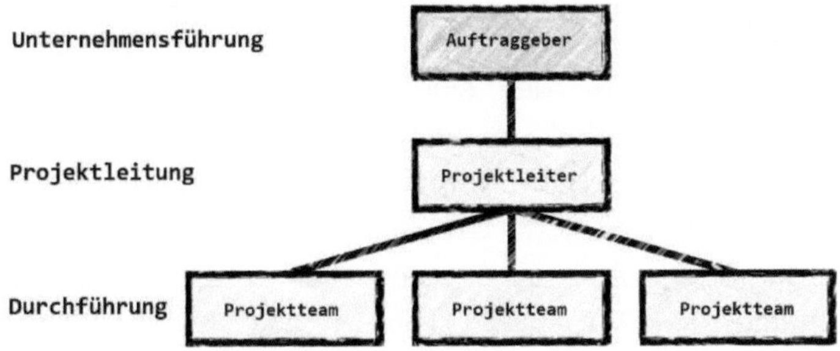

Abbildung 2: Grundaufbau eines Projektteams

Es gibt aber auch informelle Rollen in Projektteams. Damit sind die Verhaltensmuster, welche Projektteammitglieder spontan in Gruppensituationen annehmen, gemeint. Sie sind nur schwer zu erkennen und lassen sich schlecht strukturiert bildlich darstellen. Diese Verhaltenspräferenz können die formale Struktur der Gruppe abschwächen, indem beispielsweise ein dominantes Mitglied dazu neigt, Anweisungen anstelle des Projektleiters zu erteilen. Ebenso können sich mehrere Projektteammitglieder mit ähnlichen Verhaltenspräferenzen zusammenschließen und ein „Subteam" bilden. Die informellen Rollen sind grundsätzlich viel wichtiger zu beobachten für den Projektleiter als die formalen Rollen. Die informellen Rollen für die Interaktion und Kommunikation unter den Projektteammitgliedern sind unterbewusst von höherer Bedeutung.

2.1. Formale Gruppenrollen

In diesem Abschnitt wird nur auf die formalen Rollen, die im Normalfall als ständige Teilnehmer eines Projektmeetings vorgesehen sind (insbesondere Projektleiter und Projektmitarbeiter), eingegangen. Formale Rollen, die sich außerhalb der inneren Projektorganisation befinden, zum Beispiel Projektauftraggeber oder Kunde, werden in diesem Buch bewusst nicht beschrieben, da sie nur eine geringfügige Auswirkung auf das Teambuilding in einem Projekt haben.

Projektleiter

Der Projektleiter organisiert und führt das Projektteam durch die tägliche Arbeit und die anstehenden Arbeitspakete. Er ist dafür verantwortlich, dass das Projekt fristgerecht, mit der gewünschten Qualität und innerhalb des Budgets abgeschlossen wird. Der Projektleiter arbeitet grundsätzlich mit dem

Auftraggeber, dem Lenkungsausschuss, dem Projektteam, dem Kunden und anderen Betroffenen und Beteiligten zusammen, um dabei das Ziel, die Anforderungen, die Arbeitspakete, die Finanzen, die Meetings, die Kommunikation und das Ergebnis zu koordinieren. Unter anderem ist der Projektleiter für folgende Aufgaben zuständig: die Dokumentation zum Projektumfang und -inhalt, die Entwicklung eines Projektplans und Projektstrukturplans, die Überwachung aller Projektaktivitäten, die Kommunikation mit den Stakeholdern, die Bearbeitung aller Änderungswünsche (Change Requests), Projektfortschritte und -ergebnisse zu dokumentieren, Projektdokumente zu erstellen sowie alle unvorhersehbaren Ereignisse anzugehen.

Projektmitarbeiter

Ein Mitglied zum Projektteam wurde ausgewählt, um die Arbeit im Projekt durchzuführen. Es ist grundsätzlich dafür verantwortlich, zum Projektziel, Projektergebnis sowie spezifischen Arbeitspaketen und Vorgängen durch seine Arbeitsleistung beizutragen. Bei Problemen, Änderungswünschen oder unvorhersehbaren Ereignissen wird dies dem (Teil-)Projektleiter gemeldet. Die Mitglieder im Projektteam haben häufig unterschiedliche fachliche Ausrichtungen, um möglichst viele Aspekte des Projektumfangs abzudecken. Projektmitarbeiter können sowohl über das ganze Projekt zum Projektteam gehören als auch nur in bestimmten Phasen, in denen ihre Expertise oder Unterstützung benötigt werden. Die spezifischen

Tätigkeiten und Aufgaben der Projektmitglieder variieren im Einzelfall je nach Projekt sehr stark.

2.2. Informelle Gruppenrollen

Neben den formalen Rollen gibt es auch informale Rollen, also spontane Verhaltenspräferenzen und Verhaltensmuster, mit denen Menschen sich wohl fühlen, wenn sie sich in Gruppensituationen befinden. Unterschiedliche Psychologen haben inzwischen eine ganze Reihe an verschiedenen Modellen für spontane und formelle Gruppenrollen erstellt. Zu den etabliertesten und bekanntesten gehören die Teamrollen nach Belbin.

Meredith Belbin hat neun Gruppenrollen beschrieben, die alle durch ein typisches und ausgeprägtes Verhalten in Gruppenkonstellationen gekennzeichnet sind. Allerdings ist es in der Realität selten so, dass ein Mensch sich nur mit einer Gruppenrolle identifizieren kann. Die meisten Menschen können sich mit Merkmalen unterschiedlicher Rollen identifizieren. Gleichzeitig kann eine Person meistens die Mehrheit seiner Verhaltenszüge einer oder höchstens zwei Rollen zuordnen. Wer die eigene Präferenz der Gruppenrollen nach Belbin herausfinden möchte, kann im Internet mehrere Persönlichkeitstests finden, die zu einer ersten Einschätzung des eigenen Gruppenverhaltens beitragen können.

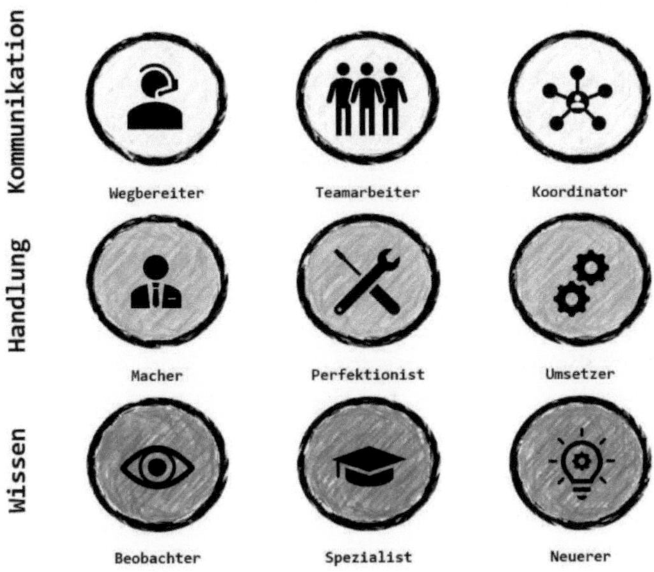

Abbildung 3: Die neun Teamrollen nach Belbin

In den nachfolgenden Abschnitten werden die neun Gruppenrollen nach Belbin kurz beschrieben. Dabei werden auch die englischen Bezeichnungen angegeben, da diese teilweise aussagekräftiger als die deutschen Bezeichnungen sind.

2.2.1. Neuerer (Plant)

Der Neuerer ist höchst kreativ und innovativ. Er wird in der Gruppe derjenige sein, der die Ideen einbringt und die Grundlage für komplexe und umfangreiche Entwicklungen darstellt. Ein Neuerer arbeitet jedoch grundsätzlich lieber allein und leistet am besten mit einem gewissen Abstand oder am Rande der Gruppe. Der Neuerer hat oft seine eigenen, ausgeprägten

Persönlichkeitsmerkmale und selten das Bedürfnis, sein Verhalten an die Gruppe oder an Normen anzupassen. Das liegt daran, dass ein Neuerer in erster Linie als introvertiert anzusehen ist und oft Schwierigkeiten damit hat, Feedback, Lob und Kritik zu geben oder entgegenzunehmen.

Der hauptsächliche Beitrag eines Neuerers in der Gruppe ist dessen hoch entwickelte Fähigkeit, komplexe und unübersichtliche Problemstellungen zu durchschauen und zu lösen. Dies sind vor allem Fähigkeiten, die früh in einer Projektphase benötigt werden, um einen Projektüberblick und Projektstrukturplan erstellen zu können. Diese Rolle wird vermehrt Gründern oder Produktentwicklern zugeschrieben.

Die Herausforderung mit einem Neuerer in der Gruppe sind die Kommunikationsschwierigkeiten. Außerdem können Neuerer sich gerne in lange Diskussionen über theoretische Probleme verwickeln und vergessen dabei leicht die praktischen und konkreten Fragestellungen, die angegangen werden müssen, um die Projektarbeit voranzutreiben.

2.2.2. Wegbereiter (Resource Investigator)

Der Wegbereiter wird durch seine hervorragenden Kommunikations- und Networking-Fähigkeiten in und außerhalb der eigenen Organisation gekennzeichnet. Er ist ein natürlicher Verhandler und stets bemüht, die eigenen Netzwerke und Kommunikationswege zu erforschen und weiterzuentwickeln. Ein Wegbereiter kommt selten mit der initialen Idee, fängt diese aber schnell auf und entwickelt sie weiter. Wegbereiter wissen immer, welche Ressourcen im Unternehmen vorhanden und verfügbar sind und haben Ideen und Vorstellungen, wie diese Ressourcen konkret eingesetzt werden können. Ein Wegbereiter ist grundsätzlich von der Persönlichkeit her sehr entspannt, verliert aber schnell das Interesse. Sie sind also sehr wertvoll um herausfinden, welche Ressourcen vorhanden sind oder angeschafft werden müssen. Ihre Rolle ist insbesondere bei Verhandlungen über Ressourcen sehr wichtig. Problematisch könnten ihr geringes Durchhaltevermögen und der schnelle Interessensverlust werden, wenn das Tempo nicht hoch genug ist.

2.2.3. Koordinator (Coordinator)

Der Koordinator arbeitet grundsätzlich dafür, die Leistungen und Tätigkeiten der Mitglieder der Gruppe zu koordinieren, um diese möglichst in die Richtung eines gemeinsamen Ziels zu steuern. Er vertraut den Fähigkeiten der Gruppe und delegiert gern. Er hat ein Talent, die Kenntnisse, Erfahrungen und Fähigkeiten der einzelnen Gruppenmitglieder zu identifizieren und überlegt sich ständig, wie diese eingesetzt werden können, um einen Beitrag zu einem gemeinsamen Ziel zu leisten.

Zu einem Problem kann unter anderem der direkte Führungsstil des Koordinators werden, da dieser nicht von allen Gruppenmitgliedern geschätzt wird. Ein

Koordinator trägt auch nur selten eigene Ideen bei und hat Probleme, von festgelegten Denk- und Lösungsmustern abzuweichen. Des Weiteren besteht ein hohes Konfliktpotenzial mit Machern, aufgrund der sehr unterschiedlichen Führungsstile.

2.2.4. Macher (Shaper)

Macher sind hoch motiviert und haben dabei eine fast exzentrische Ausstrahlung, die sich durch ein extrem hohes Bedürfnis, hervorragende Leistungen zu erbringen, äußert. Der Macher wird herausfordern, führen und Druck ausüben, um andere zu einem vorgegebenen Ziel zu bewegen. Bei der Zielerreichung geht es darum, zu gewinnen und mehr als andere zu leisten. Daher wird er mit sehr großem Frust und Irritation auf Probleme, Hindernisse und Herausforderungen reagieren. Das Risiko, dass dieser Frust an die anderen Gruppenmitglieder weitergegeben wird, ist erheblich. Ein Macher sucht nicht nur Möglichkeiten, Konflikte einzugehen, sondern genießt es, in Konfliktumgebungen zu agieren.

Ein Macher ist gut als Projektleiter, wenn die Gruppe unter hohem Zeitdruck steht und schnell größere Leistungen erbringen muss. Er schafft dabei effizient politische Meinungsunterschiede und Hindernisse aus dem Weg. Das ist darauf zurückzuführen, dass der Macher komplett ohne Konfliktängste unterwegs ist und keine Angst hat, Entscheidungen zu treffen, die auf Widerstand und Unbeliebtheit stoßen werden. Die englische Bezeichnung ‚Shaper' entspringt dem

Umstand, dass der Macher versucht, die Gruppe nach seinen eigenen Vorlieben zu formen.

Insgesamt ist der Macher daher mit Abstand die beste Rolle, um schnelle Ergebnisse zu erzielen und die Gruppe voranzutreiben. Dies geschieht allerdings zu einem sehr hohen Preis, da der Macher oft provozierend und ohne Rücksichtnahme agiert, was längerfristig zu einer schlechten Stimmung und Gemeinschaftlichkeit der Gruppe führen kann.

2.2.5. Beobachter (Monitor Evaluator)

Der Beobachter ist oft analytisch veranlagt und sehr zuverlässig, mit einer ausgeprägten Eigenschaft, nicht allzu enthusiastisch zu werden. Der Beobachter überlegt gut und lange, bevor er sich äußert. Grundsätzlich brauchen Beobachter lange Zeit für Überlegungen, bevor sie bereit sind, eine Entscheidung zu treffen.

Dafür sind die Entscheidungen und Überlegungen sehr ausgereift und benötigen nur ausnahmsweise Nachbesserungen. Allerdings hat ein Beobachter nur wenige Möglichkeiten, andere zu inspirieren und zu motivieren.

2.2.6. Teamarbeiter (Teamworker)

Der Teamarbeiter ist der soziale und unterstützende Kernpunkt der Gruppe. Er hat eine besondere Fähigkeit, sich an neue Situationen und Gruppenmitglieder anzupassen. Diese fühlen sich in der Gruppe willkommen und gut aufgenommen, ohne sich dabei unwohl zu fühlen. Sie sind gute Zuhörer und agieren fast immer diplomatisch und einfühlsam, was dazu führt, dass sie in der Gruppe beliebt und geschätzt sind. Dafür gehen sie sowohl mit Stress als auch einer hohen Arbeitsbelastung oder Situationen, die nicht durch Diplomatie gelöst werden können, schlecht um.

Die Funktion eines Teamarbeiters in der Gruppe besteht vor allem darin, dass sie Problemen und Reibungen vorbeugen, die auf die Beziehungen zwischen den Gruppenmitgliedern zurückzuführen sind. Da sie Konflikte scheuen, werden sie hart dafür arbeiten, dass diese vermieden oder frühzeitig gelöst werden können. Der Teamarbeiter wird von den anderen Gruppenmitgliedern nicht als Bedrohung wahrgenommen und genießt daher einen hohen Status in der Gruppe.

Der wichtigste Beitrag eines Teamworkers besteht darin, die Atmosphäre und Stimmung der Gruppe aufrechtzuhalten sowie eine konstruktive und angenehme Zusammenarbeit zu fördern. Dafür werden sie oft als schwache Projektleiter betrachtet, wenn es darum geht, schnelle Entscheidungen treffen zu können, da sie stets die gesamte Gruppe in die Entscheidungsfindung einbinden müssen.

2.2.7. Umsetzer (Implementer)

Der Umsetzer ist gut organisiert, bevorzugt feste Routinen und hat ein hohes Maß an Selbstdisziplin. Der Umsetzer mag hohe Arbeitsbelastungen und löst aufkommende Probleme auf eine systematische Art und Weise. Außerdem sind Umsetzer sehr loyal der eigenen Organisation gegenüber und setzen die Interessen und Ziele der Gruppe immer vor die eigenen. Dafür können sie Probleme haben, sich an neue Situationen zu gewöhnen und anzupassen.

Der Umsetzer wird dafür geschätzt, dass er zuverlässig und belastbar ist. Er kann schnell und effizient identifizieren, was relevant und praktisch durchführbar ist. Der Umsetzer kümmert sich immer darum, dass die anstehenden Aufgaben und Tätigkeiten erledigt werden, auch wenn sie über den eigenen Verantwortungsbereich hinausgehen.

Viele Umsetzer schaffen es weit nach oben in einer Aufbauorganisation, da ihre Fähigkeit, Ergebnisse zu erzielen, im Unternehmen sehr geschätzt wird. Sie sind jedoch oft wenig flexibel und möchten ungern unerprobte Lösungen oder Vorgehensweisen einführen.

2.2.8. Perfektionist (Completer Finisher)

Der Perfektionist fokussiert sich auf Details und darauf, dass die Tätigkeiten wie abgesprochen ausgeführt werden. Er fängt nur selten eine Aufgabe an, die er nicht zu Ende führt. Er wird durch die Qualität der eigenen Arbeit motiviert. Daher sind Perfektionisten überwiegend als introvertiert anzusehen und können nicht durch Lob oder Feedback vorangetrieben werden. Dadurch können sie nur sehr schwer delegieren und arbeiten am liebsten allein.

Der größte Beitrag des Perfektionisten wird gesehen, wenn die durchzuführenden Arbeiten eine sehr hohe Qualität und einen hohen Detailgrad aufweisen müssen. Perfektionisten sind belastbar und können sich über einen längeren Zeitraum gut auf die Arbeit fokussieren.

Ein Perfektionist kann in der Aufbauorganisation klettern, da das Ergebnis seiner Arbeit immer stimmt. Die lange Bearbeitungs- und Lieferzeit der durchzuführenden Arbeitspakete kann seiner Karriere jedoch im Weg stehen.

2.2.9. Spezialist (Specialist)

Spezialisten beschäftigen sich gerne damit, die eigenen theoretischen Kenntnissen zu erweitern und die eigenen praktischen Fähigkeiten zu verbessern. Ihre Prioritäten beschränken sich darauf, eine professionelle Vorgehensweise und Ausstrahlung zu wahren. Auch wenn die Kenntnisse und Fähigkeiten im eigenen Bereich hervorragend sind, interessieren sie sich nur selten für die Arbeit und das Wissen in anderen Bereichen. Die ausgeprägte Ambition, immer der Beste in dem eigenen Bereich zu sein, kann nur wenigen Menschen zugeschrieben werden.

In vielen Projekten sind die Fachkenntnisse des Spezialisten unabdingbar. Ihre Teilnahme an der Projektplanung und an Entscheidungsprozessen ist grundsätzlich sehr wichtig.

Der Nachteil eines Spezialisten ist grundsätzlich, dass er nur innerhalb eines sehr begrenzten Fachgebiets beitragen kann.

2.2.10. Zusammenfassung der Rollen

Die Teamrollen von Belbin können drei übergeordneten Kategorien zugeordnet werden. Wichtig zu beachten ist hierbei, dass es sich bei den beschriebenen Rollen um Verhaltensweisen handelt und nicht um Persönlichkeitsmerkmale. Wenn ich also die Stelle oder das Projektteam wechsle, muss ich gegebenenfalls mein Verhalten ändern, aber meine Persönlichkeit ändert sich durch den Stellenwechsel nicht.

Die kommunikationsorientierten Rollen sind:

- Teamarbeiter (fördert die Zusammenarbeit und Stimmung der Gruppe)
- Koordinator (agiert als Vorsitzender der Gruppe)
- Wegbereiter (untersucht interne und externe Kooperationsmöglichkeiten)

Die wissensorientierten Rollen sind:

- Beobachter (analysiert die unterschiedlichen Handlungsmöglichkeiten)
- Neuerer (schlägt neue Ideen und Vorgehensweisen vor)
- Spezialist (trägt Fachwissen bei)

Die handlungsorientierten Rollen sind:

- Macher (fordert das Team heraus, damit es besser leistet)
- Perfektionist (sorgt für eine vollständige und zeitgerechte Fertigstellung)
- Umsetzer (setzt sich für die praktische Umsetzung von Ideen ein)

2.3. Zusammensetzung eines Teams

Bei der Teamzusammensetzung muss der Projektleiter darauf achten, dass alle notwendigen Kompetenzen und Fachexpertise im Projektteam vorhanden sind. Außerdem muss er alle formalen Rollen mit den richtigen Personen und Kollegen besetzen. Um ein Team zu schaffen, welches Spitzenleistungen erbringen kann, braucht es jedoch mehr als nur Kompetenz und eine deutliche Zuordnung von Verantwortlichkeiten. Es ist dabei auch wichtig zu beachten, dass die Projektteammitglieder zueinander passen und gut zusammenarbeiten können. Dies stellt jedoch den Projektleiter vor eine Herausforderung, da Menschen vor allem mit Kollegen zusammenarbeiten wollen, welche ähnliche Gruppenrollen einnehmen. Allerdings erbringen Teams mit einer ausgewogenen Zusammensetzung – in denen also alle Teamrollen vorhanden sind – am Ende die besseren Leistungen. Im nächsten Abschnitt wird näher darauf eingegangen, warum ausgewogene Teams grundsätzlich besser leisten und wie sie erstellt werden können.

2.3.1. Ausgewogene Teams

Bei der Arbeit in Teams können viele Probleme und Konflikte auftreten. Einige Teammitarbeiter erfüllen nicht ihre zugewiesenenen Arbeitspakete, oder das Ergebnis ihrer Arbeit stimmt nicht. Andere Projektmitarbeiter sind nicht flexibel genug, und Arbeitsaufgaben bleiben zwischen den Teammitarbeitern und deren Zuständigkeiten liegen. Einige leisten zwar sehr gute Arbeit und Beiträge zum Projektergebnis in ihrem eingegrenzten Bereich, ohne dabei jedoch die Auswirkungen und Konsequenzen auf andere Bereiche zu bedenken. Manche Teammitarbeiter können frustriert sein, weil sie mit anderen Projektmitarbeitern nicht klarkommen. Andere sind wiederum frustriert, weil einige versuchen, dominant die Arbeit und den Weg vorzugeben. All dies sind Beispiele für potenzielle Probleme die entstehen können, wenn entweder zu viele Teammitglieder aus der gleichen Teamrolle im Team vorhanden sind oder wenn einige für das Team und das Projekt wichtige Teamrollen fehlen.

Die Theorien von Belbin besagen, dass Menschen, wenn sie sich ihre Kollegen frei aussuchen können, am liebsten mit Menschen zusammenarbeiten, welche die gleiche oder eine ähnliche Präferenz für eine Teamrolle habe. Diese Teams zeigen in der Regel nicht die besten Leistungen. Bessere Leistungen zeigen Teams, in denen alle neun Teamrollen vorhanden sind. Man nennt solche Teams ausgewogene Teams.

Wenn alle Projektteammitglieder die gleiche oder eine ähnliche Rolle haben, bringen sie auch die gleichen Schwächen mit. In der Folge weist das Gesamtteam diese gebündelte Schwäche auf. Da es gleichzeitig auch die gleichen oder ähnliche Stärken aufweist, besteht ein großes Risiko, dass sich unter den Projektteammitgliedern ein Konkurrenzzustand ausbildet. Sie werden versuchen, möglichst nur solche Aufgaben und Tätigkeiten an sich zu ziehen, die sie am besten bewältigen können, um gute Ergebnisse zu liefern.

Das Modell von Belbin hat natürlich seine Tücken, da sich Menschen in der Praxis nur sehr schwer einer eindeutigen Rolle zuordnen lassen. Außerdem gibt es viele weitere Aspekte der Zusammenarbeit in einem Team, und auch die Arbeit in sehr ausgewogenen Teams kann manchmal problematisch sein. Das Modell von Belbin wurde mehrfach in psychologischen Studien getestet und ist außerdem sehr einfach zu verstehen. Daher ist es durchaus geeignet, den Projektleiter bei den Überlegungen und Entscheidungsfindungen zur optimalen Teamzusammensetzung zu unterstützen.

Indem der Projektleiter sich für die eigene Rolle und deren Auswirkungen sensibilisiert, kann er auch darauf achten, sein eigenes Verhalten möglichst so zu beeinflussen, dass er unterschiedliche Rollen abdeckt sowie versucht, Verhaltensmerkmale in die Gruppe einzubringen, die unter den Projektteammitgliedern fehlen. Das Ziel des Projektleiters sollte es daher sein, ein möglichst ausgewogenes Projektteam zu bilden.

2.3.2. Stärken und Schwächen der Projektteammitglieder

Jede Teamrolle bringt unterschiedliche Stärken und Schwächen mit. Kenntnisse der unterschiedlichen Rollen können dazu beitragen, dass der Projektleiter ein besseres Verständnis dafür entwickelt, welche Schwächen im Team zu erwarten sind und wo Unterstützung geleistet werden muss. Die Zuordnung der Rollen unter den Projektteammitgliedern lässt sich am besten per Beobachtung und durch Gespräche durchführen. Dieser Prozess muss nicht nur vor der ersten Zusammenstellung des Teams durchgeführt werden, sondern ist als ein permanenter Prozess zu verstehen. Das liegt daran, dass sich die Projektteammitglieder im Verlauf der Team- und Projektarbeit mit ihrem Verhalten an die Situation, die Tätigkeiten und die anderen Projektteammitglieder anpassen werden. Man muss sich auch darauf vorbereiten, dass sich dieser Prozess ziemlich zeitintensiv gestalten kann und man aktiv für diesen Prozess Zeit einplanen sollte.

Auch bei der Planung von Teambuildingaktivitäten kann es sehr hilfreich sein, zuerst zu überlegen, in welche Kategorien die bereits vorhandenen Rollen fallen. Für Teams, bei welchen die Teammitglieder zum Beispiel wissens- und handlungsorientiert sind, würde es sich empfehlen, den Fokus beim Teambuilding auf den Bereich der Kommunikation zu legen. Die Wahl zwischen der weiteren Betonung vorhandener Stärken oder der Eingrenzung vorliegender Schwächen ist aber nicht immer sehr leicht hinsichtlich der oft limitierten Zeit für diese Art von Aktivitäten. Wenn das Team z. B. ein Produkt auf einer Messe vorstellen soll und es sich herausgestellt hat, dass das Team sehr gut darin ist, mit anstrengenden Kunden umzugehen, die Fachkenntnisse über das Produkt aber höchstens durchschnittlich sind, stellt sich die Frage, ob man sich darauf konzentriert, die Kommunikationsfähigkeiten zu verstärken oder ob man versucht, die Zeit in eine Vertiefung der Fachkenntnisse zu investieren. Diese Entscheidung muss natürlich im Einzelfall getroffen werden. Es gibt jedoch Faktoren, die bei der Entscheidungsfindung unterstützend wirken können. In vielen Situationen ist es vorteilhaft, sich auf die (Weiter-)Entwicklung der bereits vorhandenen Stärken zu konzentrieren. Dabei kann es hilfreich sein, für jedes Projekt und jedes Team ein Zielbild zu erstellen, welche Teamrollen notwendig sein werden. Es gibt grundsätzlich zwei unterschiedliche Möglichkeiten, Schwächen in einem Team zu beheben. Man kann zusätzliche Mitglieder ins Team holen, die andere Teamrollen einnehmen und Expertisen mitbringen. Oder man kann die vorhandenen Projektteammitglieder trainieren, damit sie sich mit ihren Schwächen auseinandersetzen müssen und sich in diesen Bereichen verbessern.

Zum einen sollte man beachten, dass viele Menschen insbesondere bei Tätigkeiten und Arbeiten motiviert sind, für die sie auch gute Ergebnisse leisten können. Es ist einfacher, die Arbeit vollständig abzuschließen und mit dem Ergebnis zufrieden zu sein, wenn ich etwas tue, worin ich auch sehr gut bin. Wenn die Projektteammitglieder sich in dem Bereich bewegen dürfen, in welchem sie von sich aus gute Arbeit leisten, ist es einfacher für den Projektleiter, einen Schritt zurückzutreten und den Projektteammitgliedern Freiraum bei der Gestaltung und Feinplanung zu geben, was oft zusätzlich motivierend wirkt.

Zum anderen ist es oft so, dass Projektteammitglieder insbesondere Tätigkeiten, in welchen sie besonders viel Expertise haben, schnell durchführen. Wer sich zuerst mit seinen Schwächen auseinandersetzen und eine Vorgehensweise entwickeln muss, benötigt grundsätzlich mehr Zeit, bis die Tätigkeiten abgeschlossen sind. Der Grund dafür lässt sich sehr einfach erklären: Wer etwas zum ersten Mal macht, muss sich zuerst alle notwendigen Informationen besorgen sowie alle Begrifflichkeiten und Arbeitsschritte beibringen, bevor er mit der ersten Tätigkeit beginnen kann. Auch nach der ersten Wiederholung muss man die meisten Tätigkeiten mehrfach wiederholen, um ausreichende Erfahrungswerte zu sammeln, bevor man neu erlernte Tätigkeiten schnell durchführen kann. Drittens sollte man beachten, dass die Qualität der Arbeit häufig höher ist, wenn man sich mit Tätigkeiten beschäftigt, die in dem eigenen Stärkenbereich liegen. Das liegt daran, dass wir unsere Erfahrungswerte in diesem Bereich automatisch mit einfließen lassen.

2.4. Phasen der Teamentwicklung

Nicht nur Gruppenrollen sind bei der Zusammensetzung und Leistung eines Projektteams wichtig. Ein Team bewegt sich nach seiner Entstehung durch mehrere Phasen, die durch unterschiedliches Verhalten charakterisiert sind. Mithilfe eines Teamentwicklungsmodells erhält der Projektleiter zusätzliche Hinweise auf die Zusammenarbeit und Interaktion in der Gruppe und kann sein Führungsverhalten entsprechend anpassen. Jedes Team ist natürlich anders, daher können sich die Phasen im Einzelfall sehr unterschiedlich gestalten. Sie stellen jedoch eine Grundlage für den Projektleiter dar, um das Team effektiv und erfolgreich durch die unterschiedlichen Phasen zu lotsen. Es ist auch wichtig zu bedenken, dass ein Team alle Phasen durchlaufen muss, bevor es die Hochleistungsphase erreichen kann. Es hilft also nicht weiter, wenn der Projektleiter sich direkt am Anfang darüber aufregt, dass z. B. Konflikte entstehen. Diese sind stattdessen als natürlicher und wichtiger Bestandteil der Teamentwicklung zu betrachten und der Projektleiter sollte sich bemühen, diesen Entwicklungsschritt zu unterstützen, damit sich das Team so bald wie möglich in die nächste Phase begeben kann.

Damit ein Team Spitzenergebnisse liefern kann, muss es als eine Einheit leisten können, in welcher die Gesamtheit mehr bedeutet als die einzelnen Teile. Die Projektteammitglieder müssen dafür eine Zugehörigkeit im Team verspüren und die gemeinsamen Ziele und Tätigkeiten vor die eigenen setzen.

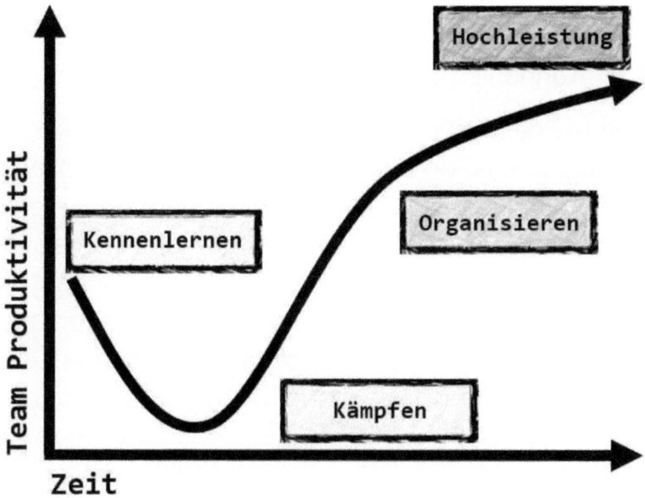

Abbildung 4: Tuckmans Modell der Teamentwicklung

Eines der bekanntesten Modelle für Teamentwicklung ist das Modell von Bruce Tuckman (Tuckman Modell, Abb. 7). Er beschreibt in diesem Modell vier Phasen, die jedes Team zwangsläufig durchlaufen muss, bevor daraus ein Hochleistungsteam entstehen kann. Diese Phasen werden in den nächsten Abschnitten näher beschrieben. Teamentwicklung hält sich jedoch nicht immer strikt an dieses Modell, da individuelles und komplexes menschliches Verhalten einen starken Einfluss hat. Es ist daher oft zu beobachten, dass ein Team teilweise in den Phasen hin und her springt, dass die Phasen sich überlappen und auch, dass

Rückschritte zu erwarten sind. Wenn neue Teammitglieder dazukommen oder Veränderungen im Team durchgeführt werden, wird das Team in eine frühere Phase zurückgesetzt.

2.4.1. Kennenlernphase (Forming)

Die erste Phase eines neuen Teams mit neuen Kollegen und Aufgaben ist oft aufregend. Die meisten Mitglieder des Teams freuen sich darüber, dass sie für das Team ausgewählt worden sind und erhoffen sich ein positives und schönes Teamerlebnis. Gleichzeitig machen sie sich Sorgen darüber, wie sie im Team aufgenommen und akzeptiert werden und ob ihre Leistungen den Anforderungen und Teamstandards gerecht werden.

In dieser Phase sind viele Fragen von den Projektteammitgliedern zu erwarten, da sie noch sehr unsicher über ihre eigene Rolle sind. Die Fragen richten sich am Anfang im Normalfall direkt an den Projektleiter, da er die natürliche Ansprechperson in dieser Phase darstellt.

Grundsätzlich agieren die Projektteammitglieder in diese Phase als Einzelpersonen und unabhängig voneinander. Man kann in dieser Phase ein vorsichtiges Herantasten aneinander beobachten, und offene Konflikte werden möglichst vermieden. In dieser Phase wird die Leistung des Teams noch nicht so hoch sein, da viel Energie der Projektteammitglieder darauf verwendet wird, sich im Team und mit den künftigen Tätigkeiten zurechtzufinden.

Diese Phase kann durch den Projektleiter unterstützt werden, indem er die Führungsrolle auf sich nimmt und die Richtung des Teams vorgibt. Er kann dabei Aufgaben verteilen und offen kommunizieren, welches Ergebnis mit welcher Qualität erwartet wird. Offener und direkter Widerstand zum Führungsstil des Projektleiters ist selten während dieser Phase. Der Projektleiter kann das Team unterstützen, indem er als Vorsitzender agiert und die Besprechungen und Teammeetings strukturiert und organisiert. In dieser Phase wird die Grundlage für das künftige Verhalten und die künftigen Normen des Teams gelegt. Wie man mit Normen arbeiten kann, wird ausführlicher im Kapitel 3 über Gruppennormen beschrieben.

2.4.2. Kampfphase (Storming)

Im Laufe der Zeit und im Laufe der Projektarbeit wird nach und nach die anfängliche Unsicherheit abgelegt. Dabei verschieben sich der Fokus und die Aufmerksamkeit der Projektteammitglieder von den tatsächlichen Tätigkeiten und der Zugehörigkeitsfrage mehr auf das Verhalten der anderen Projektteammitglieder. Die Beziehung und die Erwartung an die Leistung der anderen rücken in den Mittelpunkt. Konflikte werden offen ausgetragen, wenn die Verhaltensweisen der anderen Projektteammitglieder und die Erwartungen nicht erfüllt werden. Konflikte entstehen auch, weil Projektteammitglieder anfangen, offen ihre Meinung zu äußern und andere nicht der gleichen Meinung sind. Auch können Konflikte und Frust entstehen, wenn

Projektteammitglieder nicht den eigenen Anforderungen oder denen des Teams gerecht werden können. In dieser Phase kann der Projektleiter Widerstand bei der Ausübung der Projektleitung spüren, da die Projektteammitglieder inzwischen genug Selbstvertrauen erlangt haben, um offen die Entscheidungen und die Organisation des Projektleiters infrage zu stellen.

Diese Phase ist grundsätzlich anstrengender für den Projektleiter, da er seine Entscheidungen, seine Organisation und seinen Führungssteil gegenüber den Projektteammitgliedern begründen muss. Dabei muss er diese leicht chaotische Phase kontrollieren und gleichzeitig den Projektteammitgliedern zuhören, damit er bei Bedarf bei Konflikten eingreifen kann. Auch wenn nicht alle Vorschläge, Ideen und Änderungswünsche der Projektteammitglieder in die Planung mit einfließen können, gewinnt der Projektleiter an Vertrauen wenn er den Projektteammitgliedern zeigt, dass er bereit ist, zuzuhören. In dieser Phase ist es oft weniger wichtig, die genauen Ziele und Tätigkeiten zu erklären, dafür aber den Weg dorthin. Wenn ein Projektteammitglied beispielsweise das gemeinsame Ziel durch Konflikte mit den anderen Projektteammitgliedern aus den Augen verliert, ist es die Aufgabe des Projektleiters, wieder die richtige Richtung zu zeigen. Es gilt dabei, immer wieder zu wiederholen, dass das Team gemeinsam das Ziel erreichen soll und Einzelleistungen nicht das primäre Ziel sind. Der Projektleiter muss ein gewisses Maß an Autorität in dieser Phase beibehalten, um die

Projektteammitglieder durch die Konflikte und in die Richtung des gemeinsamen Ziels lotsen zu können.

2.4.3. Organisationsphase (Norming)

Nachdem (oder falls) das Team die Konflikte überwunden und ein gemeinsames Verständnis sich etabliert hat, entsteht eine Atmosphäre der Zufriedenheit und Zugehörigkeit. Die Projektteammitglieder können die Konflikte hinter sich lassen und haben nun das gemeinsame Ziel vor Augen. Dabei möchten sie das Ziel nicht mehr als Einzelpersonen erreichen, sondern als Team. Normalerweise akzeptieren die Projektteammitglieder nun die unterschiedlichen Schwächen und Stärken der anderen Projektteammitglieder und haben ein Verständnis für deren Rollen und Beitrag entwickelt. Auch wenn das sehr harmonisch klingt, besteht in dieser Phase die Gefahr beim Team, eine Angst davor zu entwickeln, zurück in die Kampfphase versetzt zu werden. Dies kann dazu führen, ungünstige Normen oder schlechte Vorschläge nicht infrage zu stellen. Außerdem vermeidet man gegebenenfalls die Möglichkeit, kontroverse Themen, Fragen und Ideen anzusprechen.

Da das Team in dieser Phase das gemeinsame Ziel akzeptiert hat und versucht, gemeinsam dafür zu arbeiten, kann der Projektleiter sich leicht zurückziehen und gewisse Verantwortlichkeiten und Tätigkeiten delegieren. Da die Projektteammitglieder nicht durch Konflikte oder Beziehungen distrahiert sind, können sie anfangen, komplexere Aufgaben zu bewältigen. In dieser Phase sollte der Projektleiter daran arbeiten, das Team und die Projektteammitglieder zu motivieren. Er kann auch damit fortfahren, das Team tiefer in die Entscheidungen, die längerfristige Planung und die Organisation einzubinden. Wichtig ist aber, dass sich der Projektleiter in dieser Phase für die etablierten Gruppennormen sensibilisiert und gegebenenfalls versucht, diese in die richtige Richtung zu korrigieren. Es ist auch an der Zeit für den Projektleiter, sich um ein gutes und konstruktives Kommunikations- und Feedbackklima zu kümmern. Weiterhin ist es wichtig für den Projektleiter, darauf zu achten, dass jeder im Team spürt, einen aktiven und wichtigen Beitrag zum gemeinsamen Ziel zu leisten. In dieser Phase kann der Projektleiter auch die Ausdauer und kontinuierliche Leistungssteigerung der Teammitglieder unterstützen und stimulieren. Diese Maßnahmen soll er natürlich bereits am Anfang beginnen, aber da die Normen sich erst während beziehungsweise nach der Kampfphase etabliert haben, besteht erst in dieser Phase die Möglichkeit, eine anhaltende Veränderung dieser Aspekte zu erwirken.

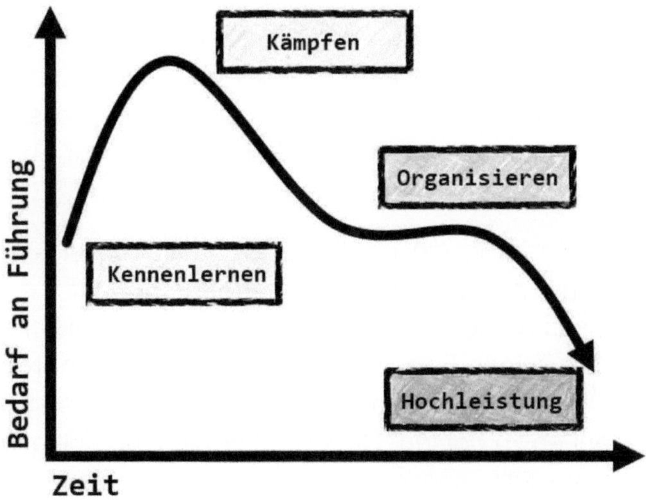

Abbildung 5: Führungsverhalten beziehungsweise Bedarf an Führung während der Teamentwicklungsphasen von Tuckman

2.4.4. Hochleistungsphase (Performing)

Nicht alle Teams erreichen die Hochleistungsphase. Um hier anzukommen, muss das Team alle Gruppennormen angenommen sowie eine ausgewogene Rollenverteilung etabliert haben. Des Weiteren müssen alle Projektteammitglieder das Verhalten der anderen Projektteammitglieder akzeptiert haben und sich ausschließlich auf das gemeinsame Ziel konzentrieren. Außerdem muss eine konstruktive Kommunikations- und Feedbackkultur etabliert sein. Sollten diese Voraussetzungen gegeben sein, sind die Projektteammitglieder grundsätzlich hoch motiviert und können eigenständig an dem gemeinsamen Ziel arbeiten. Sie können auch selbstständig komplexere Entscheidungen treffen und Verantwortung für das Team, deren Mitglieder und das Ziel übernehmen. Meinungsunterschiede und kontroverse Themen sind willkommen, solange sie offen, transparent und respektvoll besprochen werden.

Da das Team in dieser Phase grundsätzlich in allen Aspekten selbstständig und effizient auf das gemeinsame Ziel hinarbeitet, kann der Projektleiter aufhören, seinen Fokus auf das Team zu richten. Nun ist die Zeit für ihn gekommen, seine Aufmerksamkeit nach außen zu richten. Dabei legt er nicht nur Ziele für das Team fest, sondern auch Visionen für das, was künftig erreicht werden kann. Damit sind Visionen gemeint, welche die Leistung des Projektteams betreffen und nicht die Visionen zu dem Projektergebnis. Der Projektleiter fungiert auch als Wegbereiter für das Team, indem er externe Hindernisse angeht und organisatorische Schwierigkeiten im Unternehmen klärt, damit das Team sich ungestört auf seine Tätigkeiten fokussieren kann. Da in dieser Phase eine Art Teamidentität entsteht, muss der Projektleiter sich darum kümmern, dass diese Identität mit der Vision und den vereinbarten Zielen übereinstimmt.

2.5. Zusammenfassung

In Projektteams gibt es sowohl formale als auch informelle Rollen. Die formalen Rollen sind die durch den Vorgesetzen zugeordneten Rollen, z. B.

Projektleiter oder Projektauftraggeber. Die informellen Rollen sind grundsätzlich als Verhaltensmuster zu verstehen und sind für die Projektteammitglieder wichtiger für die Zusammenarbeit als die formalen Rollen. Ein einfaches und wichtiges Modell für informelle Rollen sind die neun Teamrollen von Belbin. Diese Rollen verteilen sich über drei Kategorien: kommunikationsorientierte Rollen, wissensorientierte Rollen und handlungsorientierte Rollen. Die wichtigste Botschaft rund um das Modell von Belbin besteht darin, dass man die unterschiedlichen Stärken und Schwächen der Mitglieder des Projektteams akzeptiert und versucht, diese so gut wie möglich einzusetzen.

Wenn ein Team gebildet worden ist, verläuft die Entwicklung der Zusammenarbeit durch mehrere Phasen. Damit ein Projektteam die Hochleistungsphase erreichen kann, muss es zwangsläufig durch die Konfliktphase gehen. Diese Entwicklung benötigt aber Zeit, und da die Teamproduktivität in der Kampfphase sinkt, muss der Projektleiter dazwischen wählen, ob er diese Zeit investiert oder ob er versucht, das Projektteam so lange wie möglich in der Kennenlernphase zu behalten.

3. Gruppennormen in Projekten

Die Frage ‚Wie stelle ich mir ein gutes und erfolgreiches Team vor?' ist für den Projektleiter und die Projektteilnehmer sehr wichtig. Diese Frage wird sich sehr stark auf die künftige Zusammenarbeit des Projektteams auswirken. Es ist daher von großer Bedeutung, dass der Projektleiter sich mit den unterschiedlichen Faktoren auskennt, welche diese Frage beeinflussen. Dazu gehört unter anderem, wie sich persönliche Identitäten und Einstellungen auf Normen in einem Projektteam auswirken.

3.1. Identitäten und Einstellungen

Die Identität, beziehungsweise das eigene Selbstbild, wird durch Erinnerungen, Erfahrungen, Beziehungen und Werte gebildet. Daher beschäftigt sich die Frage rund um die eigene Identität oft mit Fragestellungen wie ‚Wer bin ich?' und ‚Was sind meine Ziele und Wünsche?' Es ist dabei wichtig, zwischen der persönlichen Identität, die sich mit den oben genannten Fragen auseinandersetzt, und der sozialen Identität (auch kulturelle Identität genannt), die sich mit dem Gesamtbild der sozialen Rollen einer Person beschäftigt, zu unterscheiden.

3.1.1. Identitäten und das „Ich"

Die Grundlage für die eigene Identität ist es, dass wir uns mit etwas identifizieren. Daher ist die eigene Identität nichts Unveränderliches oder Starres, sondern ein lebendiger, lebenslanger Prozess. So können z. B.

Züge und Merkmale einer Gruppe übernommen werden und damit Teil der eigenen Identität werden. Auch können sich Persönlichkeitsmerkmale über die Zeit verändern. Je nachdem, ob die Person sich mit diesen neuen Persönlichkeitsmerkmalen identifizieren kann, vermag sich dabei auch die Identität zu verändern. Es ist auch wichtig zu beachten, dass die eigene Identität, so wie sie selbst erlebt wird, nicht unbedingt mit der Identität übereinstimmt, so wie sie von anderen gesehen wird.

3.1.2. Einstellungen

In der Psychologie wird eine Einstellung meistens als die bewertende Reaktion einer Person auf eine andere Person, eine soziale Gruppe, ein Objekt, eine Situation oder eine Vorstellung definiert. Eine Einstellung kann sich daher grundsätzlich von extrem schlecht bis extrem gut strecken. Es ist aber auch möglich, dass Einstellungen je nach Situation variieren, da unterschiedliche Einflüsse aus der Umgebung unsere Bewertung in einer spezifischen Situation beeinflussen können.

Der Aufbau einer Einstellung wird gerne mit dem ABC-Modell beschrieben (die Abkürzung setzt sich aus den englischen Begriffen zusammen). Der emotionale Teil (A – Affective) beschreibt die Gefühle der Person zu dem Einstellungsobjekt, z. B. ‚Ich habe Angst vor Spinnen.' Der Verhaltensteil (B – Behavioral) beschreibt, wie wir agieren oder uns gegenüber dem Einstellungsobjekt verhalten, z. B. ‚Ich versuche,

Spinnen zu vermeiden.‘ Der kognitive Teil (C – Cognitive) beschreibt unsere Vorstellungen und unser vermeintliches Wissen über das Einstellungsobjekt, z. B. ‚Ich glaube, Spinnen sind gefährlich.‘ Dieses Wissen über Einstellungen ist wichtig in Projekten, da wir sehen können, dass es eine Verbindung zwischen der Einstellung einer Person sowie deren Verhaltensweisen gibt. Wir können auch sehen, dass die Einstellung und das daraus resultierende Verhalten durch Wissen und Lernen beeinflusst werden kann. Wie immer, wenn es um psychologische Modelle geht, gibt es auch hier Ausnahmen. Fast jeder Raucher weiß beispielsweise, dass Rauchen gesundheitsschädlich ist, ändert aber trotzdem nichts an dem Verhalten. Im nächsten Abschnitt wird näher auf die Verbindung zwischen Identität, Einstellungen und dem Verhalten eingegangen.

3.1.3. Einfluss von Identität und Einstellungen auf das Verhalten

Die Stärke einer Einstellung verleiht oft einen guten Hinweis darauf, wie wahrscheinlich es ist, dass die Einstellung sich auf das Verhalten auswirken wird. Je ausgeprägter die Einstellung ist, desto stärker wird sie auf das Verhalten einwirken. Die Stärke der Einstellung beruht grundsätzlich auf zwei Faktoren: Erstens auf der persönlichen Bedeutung der Einstellung für die Person, und zweitens auf dem Wissen und den Kenntnissen über das Einstellungsobjekt. Die Bedeutung der Einstellung hat viel mit inneren Werten sowie den Auswirkungen der Einstellung auf die eigene Person und die eigene Umgebung zu tun. Auf die Werte wird im nächsten Abschnitt näher eingegangen. Bei den Einstellungen spielt es eine große Rolle, auf welche Art und Weise man das Wissen erhalten hat. Wissen und Erfahrungen, die auf eigenen Erlebnissen beruhen, beeinflussen durch diese Erfahrungsverknüpfung stärker die Einstellungen als Wissen, welches man sich durch reines Hören oder Sehen angeeignet hat.

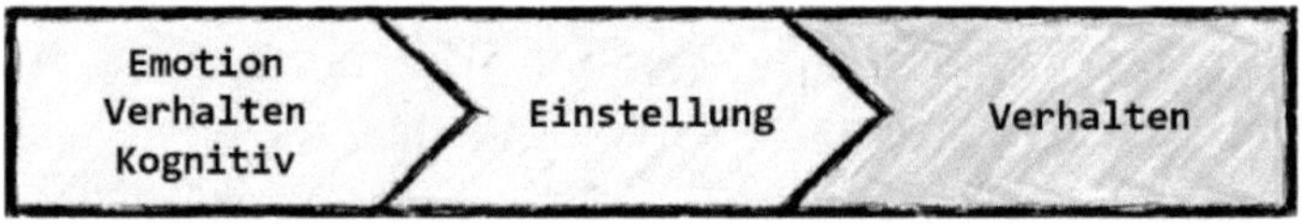

Abbildung 6: Einstellungen bestehen aus einem emotionalen Teil, einem Verhaltensteil und einem kognitiven Teil. Eine Einstellung wirkt sich auf das Verhalten aus.

Die Auswirkungen von Einstellungen auf das Verhalten können in vier unterschiedliche Kategorien eingeteilt werden. Es handelt sich dabei um die Wissensfunktion, die instrumentelle Funktion, die Wertausdrucksfunktion und die Funktion der Aufrechterhaltung des Selbstwertgefühls. Die Wissensfunktion ist bei der Bewertung von Informationen und neuen Erkenntnissen behilflich, ohne dass dabei jedes Mal das vollständige Bild erneut vor Augen geführt werden muss. Wer z. B. eine negative Einstellung einem bestimmten Politiker gegenüber entwickelt hat, muss nicht immer wieder aufs Neue die vollständigen Berichte über seine Entscheidungen und seine Politik durchlesen, sondern kann schon aufgrund kürzerer Eindrücke entscheiden, dass er auch mit der neuen Politik nicht einverstanden ist. Die Wissensfunktion hilft also dabei, neue

Informationen zu reduzieren und zu organisieren. Natürlicherweise ist auch dieser Prozess anfällig für Fehler. Als Projektleiter ist es dabei wichtig zu beachten, dass Informationen nicht immer vollständig verarbeitet, sondern durch die Einstellungen neu und vielleicht sogar anders bewertet werden. Als Gegenhilfe hilft es, durch Rückfragen zu bestätigen, dass tatsächlich alle Informationen richtig verstanden worden sind. Außerdem kann man im Gespräch klären, wie die Informationen verarbeitet und bewertet wurden. Von der instrumentellen Funktion spricht man, wenn die Einstellungen verwendet werden, um einem gewissen Zweck zu dienen. Dabei werden Einstellungen angenommen, die einem einen Vorteil verschaffen. Es handelt sich beispielsweise um Einstellungen, welche in der Gesellschaft hohe Wertschätzung erfahren, wie z. B. Umweltschutz. Durch die Wertausdrucksfunktion erhalten Einstellungen die Funktion, uns selbst zu definieren und uns von anderen Menschen und Gruppen abzugrenzen. Indem ich beispielsweise eine positive Einstellung zu einem fairen Wettbewerb in der Wirtschaft vermittle, grenze ich mich gleichzeitig von Personen ab, welche Geschäfte mit unmoralischen und unethischen Methoden vorantreiben. Auch hier ist es für den Projektleiter wichtig, diese Einstellungen zu identifizieren. In den nächsten Abschnitten wird auch über Normen und Werte gesprochen. Wenn die Normen und Werte nicht mit den Einstellungen übereinstimmen, dann hat dies negative Auswirkungen auf die Motivation und die Leistung. In Kapitel 8 über Projektkultur wird darauf eingegangen, wie

Einstellungen auf der Unternehmensebene beeinflusst werden können. Für die Funktion der Aufrechterhaltung des Selbstwertgefühls kann es vorkommen, dass man Einstellungen, die man als negativ empfindet, auf andere projiziert. Dabei schreibt man Gruppen oder Menschen, die man unsympathisch findet, Einstellungen zu, die man ebenfalls negativ einstuft. Dieses Phänomen kann zu gravierenden Konsequenzen für die Zusammenarbeit in einem Projekt oder Unternehmen führen. Mehr dazu im Kapitel über Projektkultur.

3.2. Werte

Werte im psychologischen Kontext werden oft als ein abstrakter Endzustand definiert, welcher wünschenswert ist und dessen Aufrechterhaltung angestrebt wird. Als häufige Beispiele werden unter anderem Freiheit, Loyalität und Tradition genannt. Werte unterscheiden sich von Einstellungen durch deren Abstraktionsgrad. Einstellungen richten sich grundsätzlich nach spezifischen Objekten, während Normen sich nach Verhalten richten. Werte werden auch allgemeiner formuliert als Ziele und haben dadurch oft den Charakter, dass der Endzustand in erster Linie für die Gesellschaft von Bedeutung ist. Ziele dagegen sind oft auf einer individuellen Ebene angesiedelt. Daher bleiben Werte oft abstrakt, da sie in der Praxis selten erreicht, sondern nur angestrebt werden. Als Beispiel kann unter anderem der Weltfrieden oder die vollständige Vorbeugung von Kriminalität genannt werden.

Da Werte einen sehr hohen Abstraktionsgrad genießen, sind sie oft schwer zu konkretisieren. Wer es trotzdem versucht, wird schnell herausfinden, dass es – auch wenn sich die Beteiligten prinzipiell einig sind – doch sehr viele unterschiedliche Meinungen darüber gibt, wie die Werte erreicht werden und wie die tatsächliche Umsetzung aussehen sollte. Solche Besprechungen sind im politischen Diskurs alltäglich. Aufgrund des Abstraktionsgrades ist es auch schwierig, das Verhalten einer Person aufgrund ihrer Werte vorherzusehen. Für den Projektleiter sind die Wertvorstellungen trotzdem bedeutsam, da sie – auch wenn sie im Normalfall das Verhalten nicht beeinflussen – sehr wohl das Verhalten steuern können, wenn die eigenen Werte bedroht werden. Wie Werte funktionieren und die Projektmitarbeiter beeinflussen, wird im nächsten Abschnitt diskutiert.

3.2.1. Funktion von Werten

Werte dienen nicht direkt der Motivation, sondern funktionieren vielmehr als Wegweiser zwischen richtig und falsch. Sie nehmen dabei die Funktion des Leitbilds ein und helfen uns, die eigene Rolle in der Gesellschaft zu betrachten sowie bei der Gestaltung unserer zwischenmenschlichen Beziehungen. Wichtig für die Funktion von Werten ist folglich, dass es sich nicht lediglich um Motivationsfaktoren handelt, sondern vielmehr um Zielbilder. Diese können verwendet werden, um die Gesellschaft auszurichten und eine gesellschaftliche Zugehörigkeit zu definieren. Auch wenn Werte für gesellschaftliche Beziehungen wichtig sind, können unterschiedliche Werte zu großen Konflikten führen. Viele Konflikte und Kriege in der Weltpolitik sind auf unterschiedliche Werte und Wertvorstellungen zurückzuführen. Obwohl Kriege in Bezug auf Projekte ein extremer Vergleich sind, kann es große Auswirkungen auf die Zusammenarbeit haben, wenn die Werte in einem Projektteam nicht übereinstimmen. Oder auch wenn die Werte, die das Unternehmen und die Vorgesetzten vertreten, nicht mit denen der Mitarbeiter übereinstimmen. Die Erfahrungen zeigen, dass Teams mit unterschiedlichen Werten schlechtere Leistungen zeigen und größere Schwierigkeiten bei der Zusammenarbeit haben als Teams mit mitarbeiterübergreifenden Wertvorstellungen. Der Hauptgrund dafür besteht darin, dass in Projektteams mit unterschiedlichen Wertvorstellungen nur schwer Vertrauen aufgebaut werden kann. Vertrauen nimmt in professionellen Zusammenarbeiten einen hohen Stellenwert ein (sogar einen höheren als fachliche Kompetenz). Dieser Aspekt lässt sich vielleicht am besten aus einem historischen Blickwinkel heraus erklären, da es vor langer Zeit deutlich wichtiger war, ob wir einer Person vertrauen konnten als dass diese Person die besten Fachkenntnisse besaß. In Kapitel 1 über die Entwicklung von Gruppen und Teams wird über die Notwendigkeit der sogenannten Kampfphase gesprochen. Ohne einen entsprechenden Vertrauensaufbau im Team wird es sehr schwierig sein, die sogenannte Kampfphase zu überwinden und in die Produktivphase überzugehen.

Aufgrund der großen Bedeutsamkeit des Vertrauens muss sich der Projektleiter mit verschiedenen Methoden und Vorgehensweisen befassen, um Vertrauen trotz unterschiedlicher Werte aufzubauen. Der erste Ansatz sieht vor, Verständnis für die anderen Projektmitarbeiter und deren Werte zu schaffen. Dies ist durch direkte Kommunikation und offene Gespräche möglich, indem man die persönlichen Geschichten erfährt, die zum Aufbau dieser Werte geführt haben. Durch die Entwicklung eines Verständnisses für die Werte der anderen sowie deren Entstehung kann die Angst vor unterschiedlichen Werten und deren Auswirkungen verringert werden. Der zweite Ansatz besteht darin, die Ziele des Projektteams vor Augen zu führen und die Arbeit des Teams darauf zu fokussieren, was man gemeinsam erreichen möchte. Dazu ist es wichtig zu klären, wie die unterschiedlichen Projektmitarbeiter im Team zu dem gemeinsamen Ziel beitragen können, damit sie die Unterschiede der anderen Teilnehmer besser einschätzen und wertschätzen können. Die Grundlage für diesen Ansatz besteht also darin, dass man die Unterschiede akzeptiert und sich stattdessen auf das gemeinsame Ziel konzentriert. Dieser Ansatz stellt eine sehr pragmatische Lösung dar. Der dritte Ansatz besteht darin, dass Verhaltensregeln und Arbeitsvorschriften festgelegt werden, die vorschreiben, wie die Zusammenarbeit im Unternehmen und im Projektteam gestaltet werden soll. Dadurch werden Werte überbrückt, indem von außen vorgeschrieben wird, welches Verhalten im Projektteam erwartet wird. Hier ist jedoch auch Vorsicht geboten, da die Gefahr besteht, dass man extrinsische Motivationsfaktoren einführt (siehe Kapitel über Motivation: 4).

Um einen Zustand zu erreichen, bei welchem die Werte des Unternehmens von den Projektmitarbeitern angenommen und akzeptiert werden, bestehen einige Grundregeln. Es ist erstens viel einfacher und fördert außerdem die intrinsische Motivation, wenn die Mitarbeiter sich an der Entwicklung und Festlegung der Unternehmenswerte beteiligen dürfen. Es kann sich auch lohnen, Werte zu besprechen, die sich direkt auf die Unterschiede beziehen. Unterschiede zu wahren und zu schätzen ist auch ein Wert. Diesen anzunehmen kann hilfreich sein, wenn es darum geht, trotz unterschiedlicher Werte gut zusammenarbeiten zu können.

3.2.2. Wertsysteme

Um die Werte einer Person besser verstehen zu können, kann man die Werte in ein Wertsystem einordnen. Unter Wertsystem versteht man die Reihenfolge und Priorität aller Werte einer Person. Auch wenn zwei Personen grundsätzlich einige Werte gemeinsam haben, kann es durchaus sein, dass sie nicht alle Werte für gleich wichtig halten. Es kann auch sein, dass sie unterschiedliche Situationen für sich definiert haben, wann sie Ausnahmen von den Werten vertreten können. Daher ist es möglich, dass unterschiedliche Personen zwar die gleichen Werte besitzen, diese aber auf verschiedenen Wertsystemen basieren. Unterschiedliche Wertesysteme können zur Folge haben, dass in einem Projektteam differierende Meinungen über richtiges und falsches Handeln im Bezug auf eine konkrete Situation existieren, selbst wenn alle im Projektteam die gleichen Werte besitzen.

Wertesysteme müssen auch bei einer Person nicht unbedingt logisch oder rational gestaltet sein. Es kommt vor, dass Wertesysteme aus widersprüchlichen Werten bestehen und daher in bestimmten Situationen unterschiedliche Auswirkungen haben. Es gibt auch Unterschiede zwischen der theoretischen Ausprägung eines Wertesystems einer Person und der praktischen Umsetzung. Die theoretischen Werte sind häufig fest in einer Person verankert. Jedoch kommt es im konkreten Verhalten gelegentlich zu Diskrepanzen und Ausnahmen, wenn man das Verhalten der Person in einer konkreten Situation beobachten würde.

Für den Projektleiter ist es wichtig zu verstehen und in seiner Arbeit zu berücksichtigen, dass Wertesysteme in der Praxis komplex und voller Ausnahmen sind. Das erschwert die Arbeit mit Werten in Unternehmen oder Projektteams erheblich. Viele dieser Ausnahmen sind aber häufig ethisch vertretbar. Wer den Wert vertritt, dass man immer die Wahrheit sagen sollte, kann trotzdem gelegentlich eine kleinere Lüge für angemessen halten, wenn die Wahrheit die betroffene Person verletzen würde. Die meisten Menschen vertreten den Wert, dass man nichts stehlen darf. Aber trotzdem halten es viele für verständlich, wenn man Essen stiehlt, um nicht zu verhungern.

3.3. Normen

Normen gehören zu den stärksten Einflüssen auf das tatsächliche Verhalten in einer konkreten Situation. Bei Normen handelt es sich um ungeschriebene Regeln, wie man sich in einer Gesellschaft, einem Unternehmen, einer Gruppe oder einem Projektteam zu verhalten hat. Sie sorgen also für eine Vorstellung zu angemessenen Verhaltensweisen in gewissen Situationen. Durch die Normen entsteht eine Art interner Kultur. Normen haben daher sehr viel mit Unternehmens- und Projektkultur zu tun.

Bei Normen handelt es sich immer um äußere soziale Einflüsse auf das Verhalten einer Person. Sie stellen daher den akzeptierten und geltenden gesellschaftlichen Standard für das erwartete Verhalten dar. Normen gestalten sich in unterschiedlichen Situationen und Zusammenhängen different. Das heißt, was in einem Unternehmen als erwartetes Verhalten gilt, muss nicht unbedingt als präferiertes Verhalten im nächsten Unternehmen gelten. Auch innerhalb eines Unternehmens können verschiedene Normen gelten, daher kann es Unterschiede zwischen Abteilungen und Projektteams geben.

Der Druck, der durch soziale Normen entsteht, sollte durch den Projektleiter nicht unterschätzt werden. Es fällt den meisten Menschen sehr schwer, sich gegensätzlich zu etablierten Normen zu verhalten. Ein Verhalten, welches gegen die etablierten Normen verstößt, führt immer zu einem Konflikt, schlechtem

Ansehen und gedrückter Stimmung. Daher ist es für den Projektleiter sehr wichtig, aufmerksam für die Etablierung der Normen zu sein und zu überprüfen, dass diese keine Hindernisse für die Zusammenarbeit und Leistung des Projektteams darstellen. In jeder neu gebildeten Gruppe müssen grundsätzlich immer wieder neue Normen gebildet werden, auch wenn viele davon vom Unternehmen übernommen werden (siehe auch das Kapitel über Gruppenphasen: 2.4). Da man in Projekten häufig in neuen Teams arbeitet, bilden sich in solchen Gruppen immer wieder neue Normen. In Kapitel 2.4 über die Gruppenphasen haben wir gelernt, dass es am Anfang für die meisten Gruppenteilnehmer bedeutsamer ist, zu der Gruppe zu gehören als das Risiko einzugehen, Konflikte zu starten. Daher steigt das Risiko, dass ungünstigen Normen nicht widersprochen wird und diese sich somit durchsetzen können. Sobald sich aber Normen etabliert haben, sitzen sie meistens sehr fest verankert und können nur, falls überhaupt, mit großem Aufwand und über einen längeren Zeitraum geändert werden. In Projekten arbeitet man mit einer engen Deadline und hat daher keine Zeit, sich mit ungünstigen Normen auseinanderzusetzen. Aus diesem Grund ist es für den Projektleiter sehr wichtig, dass bereits von Anfang an konstruktive und günstige Normen etabliert werden.

3.3.1. Ungünstige Normen beeinflussen

Sollten sich Normen in einem Projektteam etablieren, die sich schlecht auf die Leistung auswirken und zu einem Verhalten führen, welches von einem

Projektleiter oder Vorgesetzten nicht toleriert werden kann, muss man auf die Normen einwirken. Es handelt sich z. B. um Normen, die besagen, dass man nicht sein Bestes geben soll, um eine hohe Qualität liefern zu können sondern dass man versucht, die eigene Arbeitsbelastung durch Ausweichen so gering wie möglich zu halten. Oder es handelt sich um Normen, die zu einem herablässigen oder belästigenden Verhalten führen.

In diesem Fall muss man unbedingt anfangen, die Gruppennormen herauszufordern, um diese zu verändern. Der Projektleiter sollte sich aber bewusst machen, dass es quasi unmöglich ist, Normen zu verändern, ohne Konflikte einzugehen. Als erstes muss man in Gesprächen mit den Projektteilnehmern oder den Gruppenmitgliedern aktiv und direkt die Normen und das daraus resultierende Verhalten ansprechen. Indem man das Verhalten und die Auswirkungen vor Augen führt, kann man in regelmäßigen Gesprächen über einen längeren Zeitraum gegebenenfalls eine Veränderung erreichen. Normen zu verändern ist aber nicht einfach, da der Ansichtsverlust in der Gruppe für die Gruppenmitglieder oft schwerer wiegt als die Gespräche mit dem Projektleiter. Wenn die Normen nicht akzeptiert werden können und man in einem absehbaren Zeitraum keine Veränderung erwirken kann, muss man letztlich bereit sein, personelle Veränderungen im Projektteam durchzuführen oder praktische Veränderungen in der Projektorganisation durchzusetzen. Durch die personellen Veränderungen versetzt man das Projektteam in die erste Gruppenphase zurück und erhält dadurch eine Chance, an den Normen zu arbeiten. Dabei ist es oft nicht notwendig oder praktikabel, ein gesamtes Team aufzulösen. Der Projektleiter muss sich stattdessen Gedanken darüber machen, wie er die personellen Veränderungen am besten gestalten kann.

3.4. Zusammenfassung

Die aktive Arbeit mit Normen und Werten im Projektteam kann sehr viel Energie und Zeit in Anspruch nehmen. Der Einfluss von etablierten Normen auf das Projektteam sollte jedoch nicht unterschätzt werden. Daher sollte sich der Projektleiter – insbesondere am Anfang eines Projekts und zu Beginn eines neuen Projektteams – überlegen, ein wenig Zeit in die Arbeit mit Werten und Normen zu investieren.

4. Leistung & Motivation

Motivation wird oft als ein menschliches Verhalten definiert, welches zielgerichtet oder zielstrebig ist. Motiviert zu werden ist folglich durch eine Verhaltensänderung charakterisiert, die sich an einem spezifischen Ziel orientiert. Es ist also ein innerer Antrieb entstanden, welcher dieses zielstrebige Verhalten ermöglicht. Als Projektleiter ist es oft weder möglich noch erstrebenswert, ständig die Projektmitarbeiter antreiben und kontrollieren zu müssen. Daher muss der Projektleiter in der Lage sein, diese Verhaltensänderung und den inneren Antrieb der Mitarbeiter zu fördern und zu unterstützen, damit die Projektmitarbeiter von sich aus Höchstleistungen erbringen möchten. In den nächsten Abschnitten wird daher auf einige unterschiedliche Motivationsmodelle eingegangen, um eine Erklärungsgrundlage zu bieten, wie dieser innere Antrieb entsteht.

4.1. Unterschiedliche Motivationsmodelle

Um besser verstehen zu können, warum und wie sich Menschen motivieren können, unterschiedlichen Arbeiten und Tätigkeiten nachzugehen, haben Psychologen eine Reihe von Erklärungsmodellen aufgestellt.

Einige Theorien und Modelle erklären Motivation als eine innere oder äußere Triebkraft, um unterschiedliche menschliche Bedürfnisse zu stillen und zu befriedigen. Wenn ein menschliches Bedürfnis also (noch) nicht befriedigt worden ist, entsteht eine Motivation, dieses zu befriedigen. Zu diesen Modellen und Theorien gehören beispielsweise die Bedürfnispyramide von Maslow, die ERG-Theorie von Alderfer, die Hygienefaktoren von Herzberg und die Bedürfnistheorie von McClelland. In der Bedürfnistheorie von McClelland z. B. findet man eine lange Liste an unterschiedlichen Bedürfnissen, welche die Menschen befriedigen möchten. Das besondere an der Theorie von McClelland ist, dass seiner Meinung nach diese Bedürfnisse durch kulturellen und gesellschaftlichen Einfluss erlernt und geprägt worden sind.

Es gibt auch Theorien und Modelle, welche die Motivation durch die Persönlichkeit und Persönlichkeitsmerkmale erklären. Das heißt, Menschen werden mit unterschiedlichen Triebkräften geboren und durch verschiedene Einflüsse motiviert. Hierzu zählt unter anderem die X-Y-Theorie von McGregor. Er beschreibt, dass es zwei unterschiedliche Arten von Menschen gibt, die durch divergente Faktoren motiviert werden. In der Theorie X finden wir die unwilligen Menschen, die sich vor der Arbeit drücken, faul sind und immer versuchen, so wenig wie möglich zu arbeiten. Daher vermeiden sie Verantwortung und haben keine Ambition, etwas Richtiges oder Wichtiges im Leben zu erreichen. Theorie X-Menschen werden nicht durch organisatorische Ziele oder Selbstverwirklichung motiviert, sondern durch strikte und strenge äußere

Vorgaben, z. B. von Vorgesetzten oder Gesetzen. Auf der anderen Seite des Spektrums finden wir die Theorie Y-Menschen, die immer sehr engagiert sind. Sie möchten unbedingt Verantwortung übernehmen und sehnen sich danach, die Ziele des Unternehmens oder der Organisation erfüllen zu können. Sie wollen sich selbst entwickeln und verwirklichen und sich damit in die Lage versetzen, die bestmöglichen Entscheidungen für sich selbst zu treffen. Diese Menschen werden am besten motiviert, indem man ihnen Freiräume verschafft. Sie benötigen Möglichkeiten für Selbstbestimmung, größere Verantwortungsbereiche, flexible Organisationsstrukturen und herausfordernde Projektaufgaben, um sich motiviert zu fühlen. Diese beiden Theorien wurden später zu einer Theorie Z zusammengeführt, in der Menschen sich wie in einer Mischung aus Theorie Y und Theorie X verhalten und für die eine Mischung aus persönlicher Entwicklung und direkten Vorgaben als motivierend betrachtet wird. Eine andere Theorie, die sich mit Persönlichkeit und Motivation beschäftigt, ist die Reifungstheorie von Argyris. Hierbei wird die Persönlichkeit – insbesondere der Reifungsgrad – eines Mitarbeiters durch äußere Faktoren wie die Vorgesetzten oder die Organisation beeinflusst und verändert sich über Zeit. Passivität, wenig Verantwortung und unklare Ziele führen zu einer wenig ausgereiften Persönlichkeit und daher zu einer geringeren Motivation, beruflichen Tätigkeiten nachzugehen. Auf der anderen Seite können Faktoren wie z. B. langfristige Perspektive, selbstständiges Arbeiten und interessante Tätigkeiten zu einer Reifung der Persönlichkeit führen und dadurch die Motivation steigern, weiteren beruflichen Tätigkeiten nachzugehen.

Eine weitere Kategorie von Motivationstheorien sind die Erwartungstheorien. Eine dieser Theorien nennt sich die VIE-(Valenz, Instrumentalität, Erwartung)-Theorie und wurde von Vroom entwickelt. Laut dieser Theorie hat Motivation nur wenig mit angeborenen Persönlichkeitsmerkmalen oder Einflüssen aus der Umgebung zu tun, sondern entsteht aus der Situation heraus und ist daher situationsbezogen. Diese Theorie funktioniert nur in solchen Situationen, in denen der Mensch die Möglichkeit hat, eine Handlung vorzunehmen (oder zu unterlassen), welche zu einer Konsequenz führt. Um zu erklären, wieso sich ein Mensch in einer gewissen Situation motiviert, eine bestimmte Handlung zu unternehmen, müssen wir drei Aspekte betrachten: die Instrumentalität des Handlungsergebnisses, die Valenz der Handlungsfolge und die zugehörige Erwartung der Person. In der Instrumentalität werden die Konsequenzen der Handlung betrachtet, also was wird passieren und was sind die Folgen, wenn ich diese Handlung durchführe (oder unterlasse). Unter Valenz wird die individuelle Erwartung oder Bewertung der Konsequenzen betrachtet. Unterschiedliche Menschen schätzen unterschiedliche Sachen. Daher können Menschen sich unterschiedlich motiviert fühlen, auch wenn die objektive Situation oder Umstände identisch sind. Unter Erwartung verstehen wir die Wahrscheinlichkeit, dass die Instrumentalität tatsächlich zustande kommen wird. Auch von dieser Theorie gibt es unterschiedliche Weiterentwicklungen.

In den nächsten Abschnitten wird auf ein paar der wichtigsten Motivationsmodelle näher eingegangen, die einfach zu verstehen sind und deren Erkenntnisse ein Projektleiter in seiner Projektarbeit direkt einsetzen kann, um die Motivation der Projektmitarbeiter besser zu verstehen und zu fördern.

4.1.1. Maslows Bedürfnispyramide

Um besser verstehen zu können, was Menschen antreibt und motiviert hat Maslow vorschlagen, dass menschliche Bedürfnisse hierarchisch angeordnet werden können. Diese Bedürfnisse werden in einer Pyramide eingeordnet. Erst wenn die Bedürfnisse einer Stufe erreicht und bedient worden sind, können wir motiviert werden, die nächste, höherliegende Stufe zu erreichen. In der Bedürfnispyramide von Maslow gibt es fünf Ebenen oder Stufen.

In der ersten und niedrigsten Stufe finden wir die physiologischen Bedürfnisse eines Menschen. Hier handelt es sich um überlebenswichtige Bedürfnisse wie das Essen, wenn wir hungrig sind oder das Trinken, wenn wir durstig sind. Auch die Bedürfnisse nach Schlaf oder einer normalen Körpertemperatur fallen in diese Kategorie. In der Pyramide machen diese Bedürfnisse die Basis aus, da sie für das reine Überleben notwendig sind und Menschen sich immer um die Befriedigung dieser Bedürfnisse kümmern, bevor sie andere Bedürfnisse angehen können.

Die zweite Stufe bezieht sich auf die Sicherheitsbedürfnisse. Diese können angegangen werden, nachdem die physiologischen Bedürfnisse befriedigt sind. Hier geht es zum Beispiel um eine finanzielle Absicherung, Gesundheit und Schutz gegen Unfälle oder unerwartete und unerwünschte Ereignisse. Wer in einem Land ohne Krieg oder Katastrophen lebt, hat es natürlich einfacher, diese Bedürfnisse zu stillen, aber das Prinzip bleibt gleich. Menschen versuchen, die Kontrolle über ihr Leben und ihre Umgebung zu erhalten.

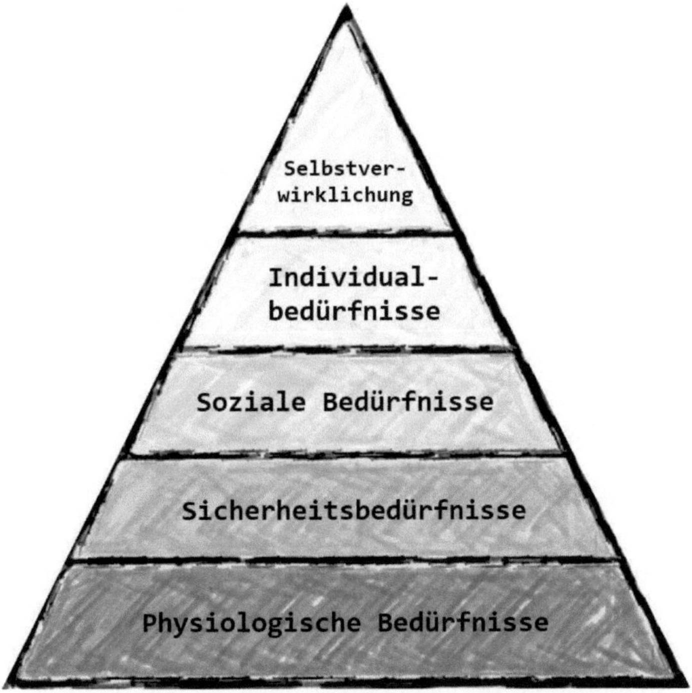

Abbildung 7: Maslows Bedürfnispyramide

Die dritte Stufe sind die sozialen Bedürfnisse. Hier handelt es sich um Freundschaften, Zugehörigkeit, Familien, Beziehungen, Vereine und Religionsgemeinschaften. Es geht grundsätzlich darum, unterschiedliche Probleme wie Einsamkeit und innere Unruhe zu vermeiden, indem man sich akzeptiert, angenommen und aufgehoben fühlt.

Die vierte Stufe sind die Individualbedürfnisse. Hier geht es darum, geschätzt und respektiert zu werden. Wer diese Stufe erreicht hat, versucht Leistungen und

Status zu erlangen, um an die Schätzung und den Respekt von anderen Menschen zu gelangen. Hier werden auch Gefühle wie Selbstbewusstsein und Selbstwert wichtig. Viele unterschiedliche Aktivitäten können zu dieser Stufe beitragen, wie akademische oder sportliche Leistungen, ehrenamtliche Mitarbeit in einem Verein oder persönliche Hobbys. Wer seine Bedürfnisse auf dieser Stufe befriedigen kann, erlangt oft ein Gefühl von Selbstvertrauen und Glauben an die eigenen Fähigkeiten. Diese Stufe wird, zusammen mit der dritten Stufe, oft als die psychologischen Bedürfnisse zusammengefasst.

Wer laut Maslow die vier ersten Stufen erreicht hat, kann sich mit seiner eigenen Selbstverwirklichung beschäftigen. Hier geht es darum, die eigenen Talente und Persönlichkeitsmerkmale zu erforschen und einzusetzen, um ein Gefühl davon zu erhalten, dass man möglichst viel im Leben erreicht hat. Grundsätzlich geht es auf dieser Ebene darum, das zu tun, wofür wir denken, dass wir geschaffen wurden. Für einige könnte es sich hierbei um künstlerische oder wissenschaftliche Leistungen und Beiträge handeln, für andere darum, anderen Menschen zu helfen.

4.1.2. Alderfers ERG Theorie

Die ERG-Theorie von Alderfer ist eine Erweiterung von Maslows Bedürfnispyramide. In der ERG-Theorie werden die menschlichen Bedürfnisse und die Motivation, diese zu erreichen, in drei Kategorien eingeteilt. Die drei Kategorien sind Existenzbedürfnisse

(Existence), Beziehungsbedürfnisse (Relatedness) und Wachstumsbedürfnisse (Growth). Die Existenzbedürfnisse setzen sich aus den beiden unteren Ebenen in Maslows Bedürfnispyramide zusammen und beinhalten daher unter anderem Wärme, Kleidung, Sicherheit, Essen und Trinken. Die Beziehungsbedürfnisse setzen sich aus den Ebenen drei und vier zusammen und beinhalten daher unter anderem die Familie, Freunde und Kollegen. Auch die gesellschaftliche Zugehörigkeit, z. B. durch Vereinsleben, gehört zu dieser Kategorie von menschlichen Bedürfnissen. Die Wachstumsbedürfnisse finden wir auf Ebene fünf in Maslows Bedürfnispyramide. Sie beinhalten unter anderem die Selbstverwirklichung, das Streben nach Produktivität und die Selbsterfüllung.

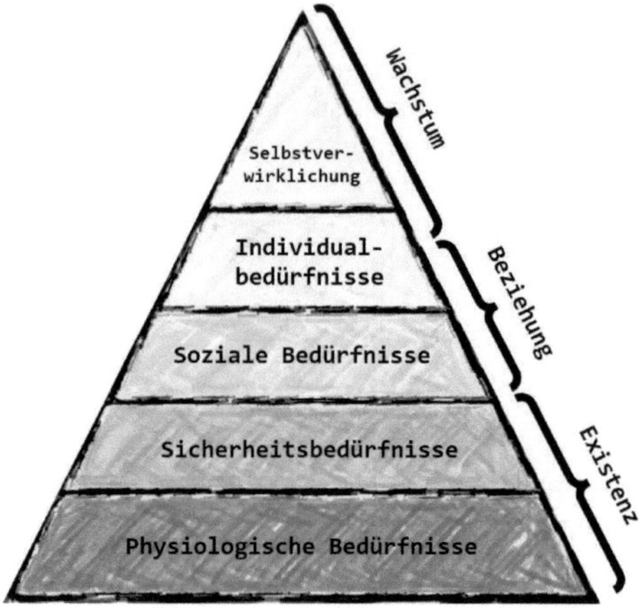

Abbildung 8: Alderfers ERG-Theorie

In der ERG-Theorie müssen grundlegende Bedürfnisse nicht (vollständig) befriedigt werden, bevor ein Mensch sich motiviert fühlt, ein höheres Bedürfnis zu befriedigen. Dies kann sich z. B. aus den Umständen oder der Umgebung ergeben, indem man einer spontanen Möglichkeit nachgeht, um ein höheres Bedürfnis zu befriedigen, auch wenn die unteren Bedürfnisse noch nicht vollständig erfüllt sind. Die ERG-Theorie besagt auch, dass sich die Wahrscheinlichkeit, zunächst die grundlegenden Bedürfnisse zu befriedigen, erhöht, wenn ein grundlegendes Bedürfnis nicht befriedigt ist. Aber die ERG-Theorie erkennt auch die individuellen Unterschiede zwischen Menschen an, und dass verschiedene Menschen unterschiedliche Prioritäten setzen können. So kann z. B. der arme Künstler erklärt werden, der sich lieber um die kreative Selbsterfüllung kümmert als darum, genug Essen auf dem Tisch zu haben.

Es gibt aber ein paar grundlegende Regeln in der ERG-Theorie, wie sich Menschen zwischen den Bedürfnissen bewegen. Erstens gibt es das Befriedigungs-Progressions-Verhalten. Wenn jemand ein Bedürfnis befriedigt hat, erhöht sich die Wahrscheinlichkeit, dass er sich um ein höheres Bedürfnis kümmern oder dieses angehen wird. In dem Frustrations-Regressions-Verhalten wird sich eine Person, die ein höheres Bedürfnis nicht befriedigen kann, mit großer Wahrscheinlichkeit um ein niedrigeres Bedürfnis kümmern. Durch das Frustrations-Progressions-Verhalten kann eine Person, die nicht die Möglichkeit hat, sich um ein niedrigeres Bedürfnis zu kümmern, aus Frust sich dazu entschließen, lieber ein höheres (aber erreichbares) Bedürfnis anzugehen. Es gibt auch das Befriedigungs-Verstärkungs-Verhalten. Danach können Menschen, die ein Bedürfnis bereits bedient haben sich darum kümmern, dieses nochmals abzusichern und zusätzlich zu befriedigen, um ein Gefühl von Zufriedenheit und Sicherheit zu erlangen. So lässt es sich z. B. aus motivationspsychologischer Perspektive erklären, wieso einige Menschen nach Erfolgen eine Sucht entwickeln.

Als Projektleiter sollte man aus der ERG-Theorie mitnehmen, dass die Motivationen der Mitarbeiter, Bedürfnisse zu befriedigen, nicht so starr und vorhersehbar wie Maslows Bedürfnispyramide sind. Es lohnt sich zwar sicherzustellen, dass niedrigere Bedürfnisse zuerst befriedigt werden, bevor man höhere angehen kann, aber die Reihenfolge ist individuell. Insbesondere das Frustrations-Regressions-Verhalten ist wichtig für Projektleiter. Wenn die Mitarbeiter keine Möglichkeiten zu persönlichem Wachstum oder zur Selbstverwirklichung haben, besteht eine große Gefahr, dass sie sich nach unten in der Bedürfnispyramide bewegen und sich eher auf die Verwirklichung von Bedürfnissen, die wir weiter unten in der Pyramide finden, fokussieren.

4.1.3. Herzbergs Motivations-Hygiene-Theorie

Die Bedürfnispyramide und die ERG-Theorie sind allgemeine Motivationstheorien. Bei der Theorie von Herzberg geht es dagegen ausdrücklich um die Motivation bei der Arbeit, daher steigt auch die Relevanz dieser Theorie für einen Projektleiter. Die Motivations-Hygienetheorie von Herzberg wird auch die Zwei-Faktor-Theorie der Motivation genannt. Nach dieser Theorie gibt es zwei unterschiedliche Faktoren, welche die berufliche Motivation beeinflussen. Die sogenannten Motivationsfaktoren können zu einer erhöhten Jobzufriedenheit führen. Sie bewegen sich also auf dem Maßstab von ‚nicht zufrieden' bis ‚zufrieden'. Die Motivationsfaktoren beziehen sich grundsätzlich auf den Inhalt der Arbeit. Die sogenannten Hygienefaktoren auf der anderen Seite beziehen sich grundsätzlich auf den Kontext der Arbeit, und gute Bedingungen führen hier nicht zu einer Zufriedenheit, aber zur Vorbeugung der Unzufriedenheit. Die Hygienefaktoren bewegen sich also auf dem Maßstab von ‚unzufrieden' bis ‚nicht unzufrieden'. Laut Herzberg müssen beide Faktoren bedient sein, damit sich die Mitarbeiter bei der Arbeit zufrieden und motiviert fühlen. Es gilt aber dabei zu bedenken, dass die Hygienefaktoren allein – egal, wie gut bedient und erfüllt sie sind – nie zu einer Arbeitszufriedenheit führen können. Sie können höchstens einer Unzufriedenheit vorbeugen. Wenn die Hygienefaktoren bedient sind, kann man anfangen, die Motivationsfaktoren zu bedienen, um eine echte Zufriedenheit bei der Arbeit zu erreichen.

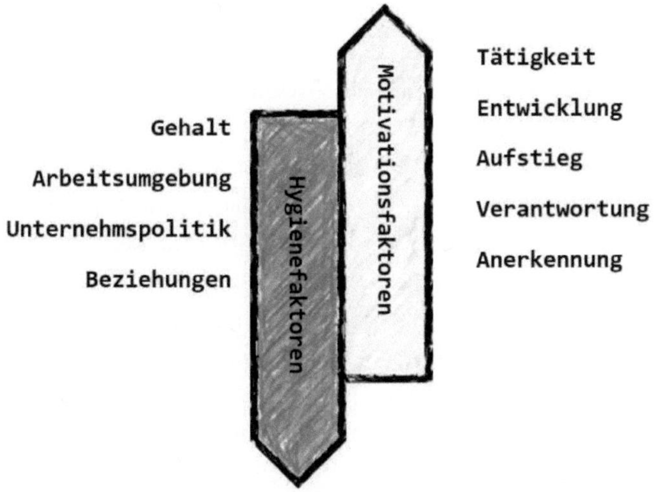

Abbildung 9: Herzbergs Hygienefaktoren

Die Hygienefaktoren können zwar nicht allein zu einer Zufriedenheit oder Motivation bei der Arbeit führen, sind aber essenziell dafür, eine solche Zufriedenheit oder Motivation zu ermöglichen. Unter den Hygienefaktoren finden wir unter anderem das Gehalt, Verwaltungsvorschriften, die physische Arbeitsumgebung, den Status innerhalb des Unternehmens, professionelle Beziehungen und die Arbeitssicherheit. Das Gehalt soll dabei angemessen in Bezug auf die Leistung und Verantwortung sein und im Verhältnis zu anderen vergleichbaren Stellen im Unternehmen stehen. Es wird aber angenommen, dass ein Gehalt, das viel höher ist als das, was die Person selbst als angemessen und verhältnismäßig betrachtet, nur einen geringfügigen positiven Effekt auf die Motivation hat. Die Verwaltungsvorschriften sollen, um sich nicht negativ auf die Zufriedenheit auszuwirken, nicht allzu restriktiv und kompliziert sein. Die Verwaltung darf nicht zum Eigenzweck werden sondern ist da, um die tatsächlich wertschöpfende Arbeit zu ermöglichen. Es ist auch notwendig, dass die Verwaltungsvorschriften deutlich und ohne Interpretationsraum verfasst sind und übersichtlich und verständlich kommuniziert werden. Die physische Arbeitsumgebung bezieht sich darauf, dass die Arbeit sicher sein sollte und die Räumlichkeiten für die Tätigkeiten angemessen und sauber sind. Zu diesem Punkt gehört auch, dass die notwendige Ausrüstung für die Arbeit angemessen gestaltet ist und außerdem problemlos funktioniert. Der Status eines Angestellten sollte den anderen Mitarbeitern bekannt sein und darf sich auch nicht im

Laufe der Zeit verschlechtern. Die Beziehungen zu anderen Mitarbeitern, Vorgesetzten und Kollegen sollten professionell und respektvoll sein. Es dürfen keine destruktiven Konflikte oder sogar Mobbing vorkommen. Die Stelle des Angestellten sollte sicher sein.

Wenn alle Hygienefaktoren bedient sind und der Mitarbeiter den Zustand von ‚nicht unzufrieden' erreicht hat, kann er anfangen, sich an den Motivationsfaktoren zu orientieren. Je mehr Motivationsfaktoren befriedigt werden, desto motivierter kann der Mitarbeiter werden, hervorragende Leistungen über das normale Maß und über die in der Tätigkeitsbeschreibung beschriebenen Aufgaben hinaus zu erbringen. Da der Mitarbeiter durch das Bedienen dieser Faktoren eine innere Zufriedenheit erlebt, entsteht hierdurch der Bedarf, noch bessere Leistungen zu erbringen und sich weiterer Motivationsfaktoren zu bedienen. Die Motivationsfaktoren beziehen sich hauptsächlich auf die Inhalte und die Gestaltung der Arbeit. Daher gehören unter anderem folgende Faktoren zu den Motivationsfaktoren: Wertschätzung, Verantwortung, Bewusstsein für die eigene Leistung oder Kompetenz, persönliche Entwicklungsmöglichkeiten, Aufstiegschancen sowie die Bedeutung der eigenen Arbeit. Die Wertschätzung besteht darin, dass der Mitarbeiter für seine Leistungen und erledigten Aufgaben und Tätigkeiten von den Vorgesetzten und anderen Mitarbeitern geschätzt wird. Auch persönliche Entwicklungsmöglichkeiten sowie Aufstiegschancen tragen stark zur Motivation von Mitarbeitern bei. Wer sich für die Gestaltung und Planung der eigenen Arbeit verantwortlich fühlt, wird grundsätzlich motivierter sein. Mitarbeiter, die spüren, dass sie ihre Kompetenzen einsetzen können und dass sie etwas geschafft oder geleistet haben, werden motivierter sein. Die Arbeit sollte sinnhaft und interessant und am besten mit einer angemessenen Herausforderung verbunden sein, um die Motivation der Mitarbeiter zu fördern.

Auch wenn es für einen Projektleiter sinnvoll sein kann, die Theorie von Herzberg zu verstehen und im Arbeitsalltag zu implementieren, um die Motivation zu fördern, heißt es nicht unbedingt, dass die Motivation auch immer zu einer Produktivität führen wird. Eine hohe Motivation ist zwar eine gute Grundlage für eine hohe Produktivität, aber es wirken auch viele andere Faktoren auf die Produktivität ein. Hier können unter anderem Fachkenntnisse, Erfahrung und situationsspezifische Faktoren genannt werden. Die Theorie von Herzberg bietet zwar eine gute Grundlage, um die Voraussetzungen für motivierte und zufriedene Mitarbeiter zu schaffen, aber man muss sich bewusst machen, dass es sich letztendlich um Einzelfälle handelt.

4.2. Äußere und innere Triebkräfte

Es gibt grundsätzlich zwei Arten von Motivation. Sie kann entweder intrinsisch sein – das heißt, sie kommt von innen, aus einem inneren Antrieb heraus – oder sie kommt von außen (extrinsische Motivation) – wenn wir etwas tun, weil es durch andere Menschen oder die Umstände gefordert wird. In der Theorie von Herzberg finden wir in den Hygienefaktoren grundsätzlich extrinsische Faktoren. Es handelt sich z. B. um Gehalt oder Arbeitssicherheit. Das sind äußere Faktoren. Wir tun etwas, um entweder eine Belohnung zu erhalten, in diesem Fall das Gehalt, oder um eine Bestrafung oder eine negative Konsequenz zu vermeiden, in diesem Fall, die Arbeit zu verlieren. Wie Herzberg in seiner Theorie darstellt, sind extrinsische oder äußere Faktoren selten geeignet, um eine wirkliche Motivation zu erzeugen, sondern können höchstens dazu beitragen, dass Unzufriedenheit vermieden wird. Bei den Motivationsfaktoren dagegen handelt es sich um innere Faktoren, beispielsweise um interessante Arbeitsaufgaben oder die Bedeutsamkeit der eigenen Arbeit. Bei den interessanten Arbeitsaufgaben erledigen wir die Arbeit sehr gerne, weil wir die Arbeitsaufgaben persönlich für interessant und spannend halten. Wir möchten diese aus eigenem Interesse und Willen angehen. Auch bei der Bedeutsamkeit der Arbeit handelt es sich um eine eigene Einschätzung der Arbeit. Wir möchten die Aufgaben angehen, weil wir die Aufgaben für wichtig halten. Diese Faktoren sind sehr wohl geeignet, um eine starke Motivation zu erzeugen, die eine wichtige Grundlage für eine hohe und selbstständige Produktivität darstellen kann.

Insgesamt bieten intrinsische Faktoren eine bessere Grundlage, um eine echte und starke Motivation zu erzeugen. Es ist daher für den Projektleiter wichtig, den Unterschied zwischen extrinsischen und intrinsischen Motivationsfaktoren zu kennen, um besonders die intrinsischen fördern zu können. Außerdem ist es für den Projektleiter wichtig, die mögliche Falle bei der Umwandlung von intrinsischen in extrinsische Faktoren zu erkennen. Auf diese Bereiche wird in den nächsten Abschnitten näher eingegangen.

4.2.1. Äußere Einflussfaktoren

Äußere oder extrinsische Motivationsfaktoren werden häufig auch äußere Einflussfaktoren genannt, um zu betonen, dass wir hier aufgrund eines äußeren oder externen Einflusses handeln. Wir erledigen also beispielsweise etwas, um einen Bonus am Jahresende zu erhalten. Oder wir strengen uns in der Schule an, weil wir ansonsten Ärger mit den Eltern bekommen. Oder wir arbeiten noch spät an der Steuererklärung, um diese rechtzeitig abzugeben und eine Verspätungsgebühr zu vermeiden.

Auch wenn die intrinsische Motivation meistens höher geschätzt wird und eine bessere Grundlage für eine höhere Produktivität ausmacht, können extrinsische Motivationsfaktoren auch eine wichtige Rolle spielen, um Personen für eine Aufgabe zu motivieren, welche sie persönlich für uninteressant oder unwichtig halten. Es kann auch sein, dass Aufgaben, die man durch extrinsische Einflüsse unwillig angehen musste, doch als interessant empfunden werden. Die ursprünglich extrinsische Motivation wurde somit in eine intrinsische

Motivation umgewandelt. Extrinsische Motivation kann auch notwendig sein bei Mitarbeitern, welche sich nicht gerne neue Fähigkeiten oder Kenntnisse aneignen. Sobald sie die Kenntnisse erlangt haben, können sie diese einsetzen und es besteht wieder die Möglichkeit, dass daraus eine intrinsische Motivation entsteht.

Es gibt auch weitere Fälle, bei denen extrinsische Einflüsse die innere Motivation meist nicht negativ beeinflussen würden. Belohnungen, die unerwartet verteilt werden, verringern im Normalfall nicht die intrinsische Motivation. Die Gefahr besteht jedoch, dass die Person, welche die Belohnung erhalten hat, sich daran gewöhnt und die Belohnung in Zukunft wiederholt erwartet. Dann ist die innere Motivation in eine äußere umgewandelt worden. Lob, welches auf eine gute Leistung folgt, kann dagegen sogar die innere Motivation weiter erhöhen.

4.2.2. Innere Motivationsfaktoren

Innere oder intrinsische Motivation entsteht in einem Menschen und ist der Bedarf, etwas zu unternehmen, damit wir uns zufrieden und wohlfühlen. Wenn eine Person intrinsische Motivation verspürt, erledigt sie eine Aufgabe oder Tätigkeit allein aus dem Grund, dass sie es selber möchte und weil sie sich bei der Ausübung der Tätigkeit wohlfühlt. Die Bedürfnisse in Maslows Bedürfnispyramide sind grundsätzlich innere oder intrinsische Motivationsfaktoren. Es handelt sich z. B. auf der untersten Ebene um Hunger oder Durst. Wir essen, wenn wir hungrig sind, weil wir uns dabei wohlfühlen, den Hunger zu stillen. Genauso trinken wir, wenn wir durstig sind, weil wir uns dabei wohlfühlen, den Durst zu stillen. Wir essen und trinken nicht, um jemandem einen Gefallen zu tun oder weil wir erwarten, für das Essen oder Trinken belohnt zu werden. Auch auf den höheren Ebenen in der Bedürfnispyramide von Maslow finden wir Beispiele von intrinsischen Motivationsfaktoren wie der Selbstverwirklichung. Ein Fall für Selbstverwirklichung wäre beispielsweise, wenn wir eine neue Sprache lernen, weil wir gerne neue Kulturen entdecken und nicht, weil es für unsere Arbeit verlangt wird.

Unabhängig von Maslows Bedürfnispyramide oder von den Motivationsfaktoren in der Theorie von Herzberg gibt es ein paar allgemeine Faktoren, die auf die innere Motivation fördernd wirken.

- Neugier ist grundsätzlich ein Faktor, der sich sehr positiv auf die innere Motivation auswirkt. Das liegt daran, dass Neugier sich positiv auf unser Bedürfnis zu lernen und zu entdecken, aus der Freude heraus, auswirkt.
- Herausforderungen, welche nicht zu einfach, aber auch nicht zu schwer sind, fördern grundsätzlich die innere Motivation, indem sie dazu auffordern, uns zu bemühen, unsere Ziele zu erreichen. Am Ende steht ein wiederum wohliges Gefühl, wenn etwas geschafft oder erreicht wurde, was am Anfang nicht allzu leicht schien.

- Kontrolle wirkt sich auch positiv auf die intrinsische Motivation aus. Das liegt grundsätzlich daran, dass die meisten Menschen es mögen, wenn sie die eigenen Entscheidungen sowie deren Konsequenzen beeinflussen können.
- Ansehen fördert auch die innere Motivation, da wir es oft genießen, wenn wir von anderen Menschen respektiert und unsere Leistungen anerkannt werden.
- Zusammenarbeit fördert die innere Motivation, da sie das Gefühl von Zugehörigkeit stärkt und uns gleichzeitig die Chance gibt zu zeigen, was wir leisten und beitragen können.
- Viele Menschen werden auch von einem angemessenen Wettkampf und Konkurrenz angetrieben, da wir uns dabei umso mehr anstrengen müssen, um unsere Ziele zu erreichen und wir es durch den Vergleich mit anderen umso mehr genießen, wenn wir die Ziele erreicht haben.
- Fantasie kann auch ein sehr starkes Werkzeug sein, um die innere Motivation anzutreiben, ein Werkzeug, welches nicht unterschätzt werden sollte. Wie man in der Praxis die eigene Fantasie durch Nutzen von mentalen Bildern verwenden kann, wird näher im Kapitel 10 zur Selbstentwicklung beschrieben.

Projektleiter sollten darauf achten, dass sie eine Umgebung und Atmosphäre im Projektteam schaffen, welche die intrinsische Motivation fördern. Hierbei kann man ein paar Aspekte beachten, die natürlich an die vorherrschende Realität angepasst werden sollten. Es gibt in jedem Unternehmen und in jedem Projekt Aufgaben, die weniger aufregend sind und trotzdem erledigt werden müssen. Diese fördern nicht unbedingt die intrinsische Motivation, müssen aber dennoch erledigt werden. Um die innere Motivation zu fördern, kann es sehr hilfreich sein, die unterschiedlichen Aufgaben sowie deren Zweck und Auswirkungen für andere zu erklären. Dieser Ansatz könnte gegebenenfalls die negativen Auswirkungen durch die langweiligeren Aufgaben reduzieren. Die Ziele sollten möglichst so gesetzt werden, dass eine gewisse Herausforderung entsteht, ohne dabei die Projektmitarbeiter zu überfordern. Es hilft auch, wenn die Projektmitarbeiter sich an der Gestaltung und Planung der Aufgaben und Tätigkeiten beteiligen dürfen und insbesondere, wenn sie ihre eigenen Fachkenntnisse mit einfließen lassen dürfen.

4.3. Ziele als Motivationsfaktor

Ziele sind in der Psychologie ein erstrebenswertes und vorgestelltes Ergebnis zu einer Tätigkeit oder Aufgabe. Viele Studien zeigen dabei, dass Mitarbeiter, welche sich aktiv mit Zielen beschäftigen, bessere Leistungen zeigen und eine höhere Produktivität aufweisen als Mitarbeiter, die keine konkreten Ziele haben. Man kann sich das intuitiv vorstellen wenn man einen Mitarbeiter betrachtet, der jeden Tag ziellos bei der Arbeit erscheint und die Tätigkeiten und Aufgaben leblos erledigt, ohne dabei zu beachten, wofür sie durchgeführt werden. Indem wir uns aber Ziele setzen, legen wir eine Landkarte fest, auf welcher wir sehen können, wohin wir wollen und wieso. Sie lässt uns eine Perspektive in den Aufgaben und Tätigkeiten erkennen und fordert uns heraus, nach Lösungen und Möglichkeiten zu suchen, die es uns erlauben, die Ziele zu erreichen. Daher besteht eine enge Verknüpfung zwischen Zielen und intrinsischer Motivation. Aus diesem Grund ist es auch für den Projektleiter wichtig, die Psychologie von Zielen zu verstehen, um diese Aspekte bei den Projektmitarbeitern fördern zu können.

Ziele, die zu den oben genannten Effekten führen, sollten nach der SMARTER Methode definiert sein. Die Buchstabenkombination ergibt sich aus den englischen Bezeichnungen für alle Charakteristika.

- S – Spezifisch (Specific): Ziele müssen einen spezifischen Bereich betreffen und konkret formuliert sein.
- M – Messbar (Measureable): Es muss möglich sein, das Zielergebnis zu messen, damit man am Ende auswerten kann, ob das Ziel erreicht wurde oder nicht.
- A – Erreichbar (Achievable): Es muss möglich sein, das Ziel zu erreichen. Es soll dabei nicht zu leicht sein, sondern eine angemessene Herausforderung darstellen. Das Ziel darf aber nicht so schwer sein, dass die Mitarbeiter von vornherein aufgeben.

- R – Realistisch (Realistic): Dieser Punkt hängt eng mit dem vorherigen zusammen. Ziele, die nicht erreicht werden können, egal, wie hart man arbeitet, sind selten wirklich fördernd für die Motivation der Mitarbeiter.
- T – Zeitangabe (Time-bound): Bei einem Ziel muss angegeben werden, bis wann das Ziel zu erreichen ist.
- E – Ethisch (Ethical): Damit man erwarten kann, dass die Mitarbeiter sich anstrengen, um das Ziel zu erreichen, muss das Ziel von den Mitarbeitern akzeptiert werden. Dafür ist es notwendig, dass das Ziel ethisch vertretbar ist.
- R – Belohnend (Rewarding): Das Erreichen des Ziels sollte zu einer positiven Veränderung oder Belohnung für die Mitarbeiter führen. Es ist selbsterklärend, dass Ziele, die zu negativen Auswirkungen für die Mitarbeiter führen, nicht sonderlich geeignet sind, um die Motivation zu fördern.

Es gibt mehrere psychologische Gründe, wieso Ziele motivationsfördernd und produktivitätsfördernd wirken. Zu diesen Gründen gehört, dass Ziele sehr eng mit inneren Werten verknüpft sind. Das erkennt man unter anderem an dem E (Ethisch) und an dem R (Belohnung). Die Auswirkungen von inneren Werten wurde im Kapitel über Gruppennormen behandelt. Außerdem zwingt uns das R (Realität) zu einem Realitätscheck, da wir uns gut überlegen müssen, was praktikabel und umsetzbar ist. Dabei müssen wir auch überlegen, welche Kompetenzen und Fähigkeiten wir bereits besitzen und welche wir uns aneignen möchten. Mehr dazu im Kapitel über Selbstentwicklung. Ziele fördern auch die intrinsische Motivation, da wir aufgrund der Messbarkeit selbst auswerten können, ob wir das Ziel erreicht haben oder nicht. Daher müssen wir nicht auf die externe Bewertung eines Vorgesetzten oder eines Projektleiters zurückgreifen.

Es gibt drei Arten von Zielen, die im Projektbereich von Bedeutung sind. Es handelt sich um Prozessziele, Leistungsziele und Ergebnisziele. Bei Prozesszielen handelt es sich um etwas, das wir regelmäßig tun, wie z. B. regelmäßig Sport zu treiben. Bei Ergebniszielen handelt es sich um etwas, das wir erreichen möchten, wie z. B. gesund zu sein. Oft sind Prozessziele hilfreich, um an die Ergebnisziele zu gelangen, z. B. Sport treiben, um gesund zu sein. Dabei können Prozessziele oft Teilziele von einem Ergebnisziel sein. Bei den Leistungszielen handelt es sich um messbare Leistungen von Prozess- und Ergebniszielen. Ein Beispiel für ein Leistungsziel in Bezug auf das oben genannte Prozessziel wäre, jeden Tag 30 Minuten Sport zu treiben.

Um erfolgreich mit Zielen arbeiten zu können, kann man nach dem EEE-Modell arbeiten (die Buchstabenkombination setzt sich aus den ersten Buchstaben der englischen Bezeichnungen zusammen). Die Buchstaben stehen für Erleuchtung (Enlighten), Ermutigen (Encourage) und Ermöglichen (Enable). Die Erleuchtung erlaubt uns, unsere Stärken und Schwächen zu beurteilen, was uns dabei helfen kann, die richtigen Ziele zu setzen. Sie unterstützt uns auch dabei, die Ziele richtig zu priorisieren. Das Ermutigen ermöglicht uns, den Zielen tatsächlich nachzugehen und gibt uns daher die notwendige Motivation, um diese zu erreichen. Das Ermöglichen erlaubt uns eine Selbstverwirklichung durch das Erreichen der Ziele. Dadurch wird der Unterschied zwischen dem Ist-Selbst und dem Ideal-Selbst verringert. Das führt zu einer inneren Zufriedenheit und erlaubt das Erreichen von weiteren Zielen.

4.4. Zusammenfassung

Motivation ist sehr wichtig, um Projektmitarbeiter zu inspirieren, zu ermutigen sowie zu stimulieren, um bessere Leistungen und Projektergebnisse hervorzurufen. Um Motivation unter den Projektmitarbeitern zu fördern, ist es für den Projektleiter wichtig, sich erstens mit den theoretischen Grundlagen vertraut zu machen und zweitens diese im Alltag des Projekts zu implementieren. Das kann man unter anderem tun, indem man als Projektleiter darauf achtet, als Vorbild zu agieren, gut zu kommunizieren, gut begründete Entscheidungen zu treffen sowie am eigenen Verständnis für andere Menschen zu arbeiten. Das heißt aber auch, dass falsche Handlungen nicht nur die Motivation nicht fördern, sondern diese auch beeinträchtigen und verringern können.

5. Störfaktoren und Konflikte

Konflikte sind allgegenwärtig in Projektteams. Dabei erstreckt sich der Maßstab der Konflikte von Kleinigkeiten, die schnell aufgearbeitet sind, bis zu Auseinandersetzungen, welche die effektive Projektarbeit unmöglich machen. Die Frage ist nicht, ob es Konflikte im Projektteam gibt, sondern wie mit Konflikten im Projektteam umgegangen wird.

5.1. Definition eines Konfliktes

Ein sozialer Konflikt wird oft als unterschiedliche, nicht miteinander vereinbare Interessen definiert. Es handelt sich bei Konflikten weniger um Normen und Werte sondern vielmehr um konkrete Handlungsmöglichkeiten, welche man versucht (gegen den Willen und das Interesse anderer) durchzusetzen. Als häufiges Beispiel wird die Verteilung von begrenzten Ressourcen aufgeführt, eine Situation, welche oft zu Konflikten führt.

In den nächsten Abschnitten wird auf unterschiedliche Arten von Konflikten eingegangen, beginnend mit den offensichtlichen, den offenen, Konflikten. Danach wird auf die latenten und verschobenen Konflikte eingegangen, welche oft viel schwieriger zu entdecken und schwerer aufzuarbeiten sind, die aber dennoch eine gravierende Auswirkung auf die Stimmung und Zusammenarbeit im Projektteam und Unternehmen haben können. Es wird auch eine Abgrenzung zwischen

Konflikt, Aggression und Meinungsunterschied vorgenommen.

5.1.1. Offene Konflikte

Sachkonflikt

Unter den häufigsten Konfliktarten treffen wir die Sachkonflikte an. Bei einem Sachkonflikt handelt es sich um unterschiedliche Meinungen zu einem konkreten Objekt, z. B. einer Sache, einer Vorgehensweise oder eines Prozesses. In vielen Fällen sind Sachkonflikte sogar willkommene Auseinandersetzungen, da sie zur Weiterentwicklung und Verbesserungsmöglichkeiten führen. Auch wenn kein konkretes Ergebnis erzielt werden konnte, tragen die Diskussionen und Besprechungen bei einem Sachkonflikt oft dazu bei, dass das Projektteam ein besseres Verständnis für die Sache und den Prozess entwickelt hat.

Sachkonflikte stellen in vielen Fällen Konflikte dar, welche verhältnismäßig leicht zu handzuhaben sind. Sie sind leicht zu identifizieren, da die bevorzugten Vorgehensweisen offen angesprochen werden. Oft werden sie ausführlich und sachlich begründet. Da der Konflikt sich häufig auf eine konkrete Sache bezieht, werden sie auch öfter als andere Konflikte auf einer sachlichen und professionellen Ebene fortgeführt und es kommt nicht zu persönlichen oder emotionalen Komponenten. Das Problem mit Sachkonflikten besteht hauptsächlich darin, dass aus den Sachkonflikten Beziehungs- oder Rollenkonflikte entstehen könnten oder der Sachkonflikt nur eine Auswirkung eines bereits bestehenden Beziehungskonflikts ist.

Verteilungskonflikt

Die meisten Unternehmen und Projekte arbeiten mit begrenzten Ressourcen. In fast allen Projekten würde es zu einem besseren Ergebnis führen, wenn dem Projektleiter und dem Projektteam mehr Ressourcen zur Verfügung stehen würden, welche eingesetzt werden könnten. Da fast alle Projektleiter und alle im Projektteam das gleiche Gefühl haben, führt dies oft zu gegenüberstehenden Interessen, wessen Projekt aktuell die Ressourcen am meisten benötigt. Projektleiter neigen häufig dazu, nicht das Gesamtbild des Unternehmens vor Augen zu haben, sondern stufen automatisch das eigene Projekt am wichtigsten ein. Teilweise ist dies eine nachvollziehbare Behauptung, da ein besseres Abschneiden des Projekts am Ende oftmals auch einen positiven Einfluss auf die Karriere des Projektleiters haben wird. Daher entstehen Verteilungskonflikte auch aufgrund von hoher Motivation und persönlicher Ziele eines Projektleiters.

Verteilungskonflikte können auch negative Auswirkungen auf den Gewinner haben, also für den Projektleiter, welcher die gewünschten Ressourcen am Ende tatsächlich erhält. Das liegt daran, dass der Projektleiter so viel Energie und Mühe in einen Verteilungskonflikt stecken muss, dass er sehr viel weniger Zeit mit dem tatsächlichen Projektmanagement verbringen kann.

Um Verteilungskonflikte schnell zu lösen und das Risiko zu vermindern, das aus dem ursprünglichen Verteilungskonflikt ein Beziehungskonflikt entsteht, ist oft ein effektives und übergreifendes Multiprojektmanagement auf Unternehmensebene erforderlich. In der Praxis wird dies oft durch das Einführen eines Project Management Office (PMO) gestaltet.

Zielkonflikt

Zielkonflikte spielen zwar im Alltag des Projektteams oft nur eine untergeordnete Rolle, da die Projektmitarbeiter im Idealfall für das gemeinsame Projektziel arbeiten. Für den Projektleiter jedoch spielen sie trotzdem eine sehr wichtige Rolle, da sie sehr häufig unter den Stakeholdern anzutreffen sind und somit Teil der Arbeit des Projektleiters sein werden. Stakeholder verfolgen häufig sehr unterschiedliche Interessen, die nicht unbedingt mit dem Projektziel übereinstimmen. Es ist auch häufig anzutreffen, dass die Ziele der Stakeholder direkt dem Projektziel widersprechen. Das ist z. B. der Fall, wenn ein Projekt zu negativen Veränderungen für die Mitarbeiter oder die Öffentlichkeit führen wird.

Es kann aber auch Zielkonflikte innerhalb des Projektteams geben, z. B. wenn offensichtlich wird, dass das Projekt entweder die gewünschte Qualität nur verzögert liefern kann oder rechtzeitig, aber mit einer verminderten Qualität. Wenn es im Projektteam

Mitarbeiter gibt, welche sich für die unterschiedlichen Handlungsalternativen aussprechen, gibt es im Projektteam einen Zielkonflikt.

Bewertungskonflikt

Auch nachdem man gemeinsam und im Einverständnis eine Entscheidung getroffen hat, kann es zu Konflikten kommen. Das liegt daran, dass zwei (oder mehrere) Personen zwar das Gleiche sagen können, dies aber nicht heißt, dass sie auch das Gleiche meinen. Wie man eine Situation, eine Aussage oder eine Entscheidung wahrnimmt, ist sehr individuell und beruht auf vielen unterschiedlichen persönlichen Faktoren (vergleiche zum Beispiel das Kapitel 6 über Beziehungen in Projekten). Das heißt, auch nach einer gemeinsamen Entscheidung kann es zu Konflikten über die praktische Umsetzung und Gestaltung kommen. Solche Konflikte nennt man Bewertungskonflikte, da der Grund für den Konflikt darin zu finden ist, dass man eine einvernehmliche Situation unterschiedlich wahrnimmt.

Auch hier besteht ein großes Risiko, dass aus dem ursprünglichen Bewertungskonflikt ein Beziehungskonflikt entsteht. Der eine Projektmitarbeiter oder ein Teil des Projektteams ist der Meinung, das Team werde sich an die Abmachung halten, während andere der glauben, dass sie von der Abmachung abweichen werden. Diese Art von Konflikt nimmt sehr starke individuelle Ausprägungen an, und der Verlauf und die praktischen Auswirkungen sind sehr schwer vorherzusehen. Das liegt daran, dass individuelle, persönliche, kulturelle und soziale Faktoren eine starke Rolle bei unserer Bewertung und Wahrnehmung einer konkreten Konfliktsituation spielen.

Struktureller Konflikt

Strukturelle Konflikte beschäftigen Projektleiter oftmals intensiv. Es handelt sich dabei um widersprüchliche Anforderungen, denen man nicht gleichzeitig gerecht werden kann. Diese Konflikte sind also unabhängig von persönlichen Interessen, Beziehungen oder Vorlieben. Ein sehr häufiges Beispiel in Projektzusammenhängen ist eine hohe Qualitätsanforderung bei möglichst geringen Kosten. Meistens ist es nicht möglich, beide Anforderungen zu erfüllen, und der Projektleiter sieht sich folglich mit einem Konflikt konfrontiert.

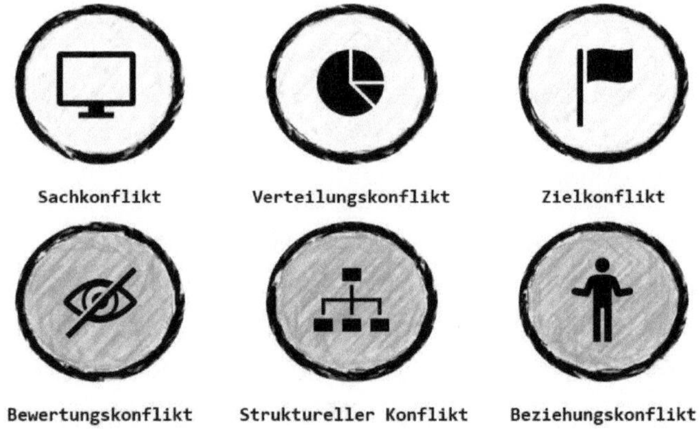

Abbildung 10: Konfliktarten

Strukturelle Konflikte können auch leicht entstehen, wenn Vorgesetze sich nicht an ihre eigenen Entscheidungen erinnern können und diese daher häufig ändern, was zu Unklarheiten für die Projektmitarbeiter führen wird. Auch Projektmitarbeiter, welche an mehr als einem Projekt mitarbeiten laufen Gefahr, dass sie widersprüchliche Anweisungen und Vorgaben erhalten.

Beziehungskonflikt

Beziehungskonflikte sind grundsätzlich immer schlecht für die Stimmung und Zusammenarbeit in einem Unternehmen oder einem Projektteam. Das liegt daran, dass sie per Definition auf einer persönlichen und nicht auf einer sachlichen Ebene ausgetragen werden. Hierbei stoßen unterschiedliche Persönlichkeiten mit unterschiedlichen Verhaltensweisen aufeinander. Die Beziehungskonflikte sind meistens auf ein Unverständnis für das Verhalten anderer zurückzuführen. Durch den ultimativen Attributionsfehler und die selbsterfüllenden Prophezeiungen neigen die Beziehungskonflikte dazu, sich selbst zu verstärken und auch auf andere Bereiche übertragen zu werden (siehe auch Kapitel zu Beziehungen in Projekten: 6). Wenn wir uns dafür entschieden haben, dass wir eine Person nicht mögen, werden wir auch unabhängig von der konkreten künftigen Situation nur sehr schlecht mit dieser Person zusammenarbeiten.

Wenn die betroffenen Personen nicht miteinander arbeiten müssen, hat dies vielleicht keine größeren Auswirkungen. Es ist auch normal, dass man nicht mit jedem gut zusammenarbeiten kann. Wenn die betroffenen Personen aber eng miteinander zusammenarbeiten müssen, z. B. im Projektteam oder an Schnittstellen zu anderen Projekten, Abteilungen oder Unternehmen, dann kann man davon ausgehen, dass der Beziehungskonflikt zu einer verschlechterten Leistung führen wird. Das liegt unter anderem daran, dass bei einem Beziehungskonflikt die Kommunikation eingeschränkt ist. Häufig wird aus Prinzip alles in Frage gestellt, was der Gegner im Beziehungskonflikt äußert. Es kann auch zu einer schlechten Stimmung führen, weil oft mehr übereinander als miteinander gesprochen wird. Man bemüht sich auch nicht mehr darum, Missverständnisse zu klären, sondern nutzt diese lieber, um den Gegner schlecht darzustellen.

5.1.2. Aggressionen und Meinungsunterschiede

Aggressionen unterscheiden sich insofern von Konflikten, indem man bei diesen einen rücksichtslosen und gewalttätigen Umgang feststellen kann. Dabei lässt man sein Verhalten von Gefühlen wie Wut, Hass oder Zorn bestimmen. Es handelt sich also beispielsweise um Mitarbeiter, welche sich an statusschwächeren Kollegen vergehen, um ihre persönlichen Interessen und Ziele durchzusetzen. Aggressivität ist daher nicht Teil des Konfliktmanagements, sondern sollte arbeitsrechtlich (oder im Falle von Gewalt oder Missbrauch auch strafrechtlich) angegangen werden.

Meinungsunterschiede unterscheiden sich von Konflikten, indem sie nicht mit einem konkreten Handlungsplan und einem Handlungsbedürfnis einhergehen. Projektmitarbeiter können zwar unterschiedliche Meinungen zu einem bestimmten Thema oder einer Sache haben, aber solange sie nicht das Bedürfnis verspüren, irgendetwas diesbezüglich unternehmen zu wollen, entsteht hier auch kein Konflikt.

5.1.3. Latente Konflikte

Latente Konflikte bezeichnen einen Zustand, bei dem Faktoren und Ereignisse im Unternehmen oder im Projekt präsent sind, aus welchen sich potenziell ein Konflikt entwickeln könnte. In diesem Zustand werden die Kontrahenten einerseits darauf aufmerksam gemacht, dass es Unterschiede gibt, welche einem zwar nicht zusagen, andererseits sind die Unterschiede oder die Auswirkungen daraus nicht groß genug, um auf eine Veränderung hinzuwirken. Häufige Faktoren, die als Grundlage eines latenten Konflikts fungieren können, wären beispielsweise unterschiedliche Befugnisse im Projekt oder Unternehmen, nicht ausreichende Ressourcen, unterschiedliche persönliche Ziele oder Unterschiede in Werten oder sozialen Normen.

Oft können diese latenten Konflikte über einen längeren Zeitraum bestehen. Dabei ist den Kontrahenten meistens nicht bewusst, dass diese Faktoren existieren oder dass man unterschiedliche Aspekte dieser Faktoren vertritt. Häufig werden die Faktoren eines latenten Konflikts erst der ‚schwächeren' Seite bewusst, zum Beispiel durch den Kontrahenten, welcher keine ausreichenden Ressourcen erhält oder keine

Befugnisse besitzt, um das Projekt vorantreiben zu können. Auch nachdem die Faktoren auf einer Seite bewusst geworden sind, kann noch viel Zeit vergehen bevor der Versuch unternommen wird, eine konkrete Ver-änderung zu erreichen und dadurch den Konflikt anzustoßen.

5.1.4. Verschobene Konflikte

Da Konflikte viel Zeit und Energie verbrauchen, ist es oft bequem sich darauf zu einigen, dass man den Konflikt zur Seite legt und sich lieber auf die unmittelbar anstehende Arbeit konzentriert. Auch wenn das kurzfristig funktionieren könnte, muss man sich bewusst machen, dass ignorierte Konflikte nicht das Gleiche wie gelöste Konflikte sind. Es handelt sich lediglich um verschobene Konflikte. Das Risiko dabei ist, dass der Konflikt jederzeit wiederaufkommen könnte. Wenn verschobene Konflikte zurückkommen, dann meistens mit viel mehr Wucht und Kraft als vorher.

Konflikte lösen sich grundsätzlich nicht von allein. Auch wenn es praktisch sein könnte, insbesondere kleinere Konflikte zu ignorieren, führt dies oftmals zu einer schlechten Atmosphäre und erschwerter Zusammenarbeit. Das wiederum hat eine sehr schlechte Auswirkung auf die Motivation der Projektmitarbeiter und das Projektergebnis.

Vorgesetzte, die Konflikte lösen, indem sie die richtige Antwort vorgeben, gehen auch das Risiko ein, dass sie die Konflikte nur vor sich herschieben. Es muss natürlich nicht jedes Mal so sein, dass eine unbeliebte

Entscheidung immer zu einem verschobenen Konflikt führt. Ein Vorgesetzter oder Projektleiter sollte sich jedoch bewusst machen, dass er das Risiko eingeht, daraus später gegebenenfalls einen größeren Konflikt entstehen zu lassen.

Konflikte bewusst zu verschieben kann auch richtig sein, wenn es Teil einer Strategie ist, sich z. B. auf die wichtigsten Aspekte der Arbeit kurz vor einem Abgabetermin zu fokussieren.

5.2. Konfliktepisoden

Zwischen Eintritt eines Konfliktes bis zu dessen Beilegung verläuft ein Konflikt typischerweise durch mehrere Phasen. Ein Konflikt kann entweder plötzlich auftreten und dadurch sofort als Konflikt wahrgenommen werden, oder er kann zuerst als latenter Konflikt bestehen, bevor er als offener Konflikt eintritt und wahrgenommen wird. Oft wird der Konflikt zuerst von der Konfliktpartei wahrgenommen, deren Interesse nun nicht mehr befriedigt werden kann oder deren Interessen durch die andere Konfliktpartei bedroht sind. Das kann z. B. passieren, wenn der Konfliktgegenstand offen angesprochen wird. Danach wird der Konflikt offen gelebt und beeinflusst das Verhalten der Kontrahenten. In dieser Phase kann der Konflikt vom Sachverhalt auf die persönliche Ebene übertragen werden (siehe auch den Abschnitt zu den Eskalationsstufen nach Glasl: 5.2.2). Bei der Beilegung des Konflikts können sowohl positive als auch negative Auswirkungen für den einen wie den anderen

Kontrahenten eintreten. Wenn alle Parteien mit der Lösung zufrieden sind, könnte die Beilegung die Grundlage für eine bessere künftige Kooperation und Zusammenarbeit werden (siehe auch Abschnitt über die Gruppenphasen: 2.4). Wenn der Konflikt aber nicht gelöst, sondern nur unterdrückt wird, kommt es zu einer künstlichen Zurückversetzung in die latente Phase. Hierbei besteht das Risiko, dass der Konflikt später plötzlich und mit gesteigerter Stärke wieder auftritt. Es kann auch sein, dass die Lösung des Konflikts für beide Seiten ausschließlich negative Auswirkungen hat, was im Normalfall zu spürbaren Problemen bei der künftigen Zusammenarbeit oder Produktivität führen sollte.

5.2.1. Wahrnehmung, Interaktion und Beilegung eines Konfliktes

Ein Konflikt wird meistens zum ersten Mal wahrgenommen, wenn einer der Kontrahenten spürt, dass seine Interessen nicht berücksichtigt, befriedigt oder bedroht werden.

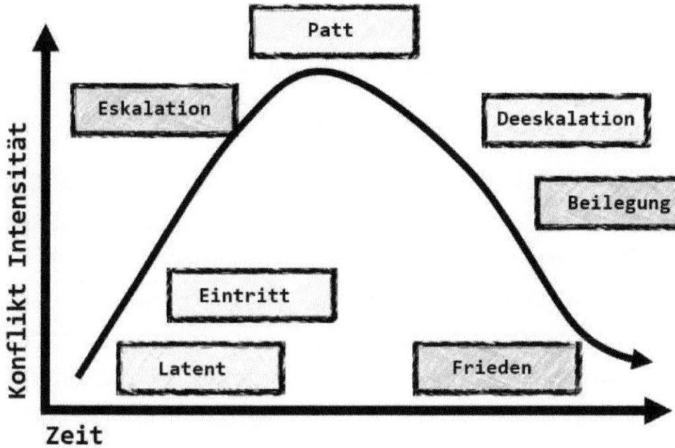

Abbildung 11: Konfliktepisoden

Durch ein bestimmtes Eintrittsereignis wird der Konflikt plötzlich auf mindestens einer Seite wahrgenommen. Danach eskaliert der Konflikt nach dem Modell von Glasl, bis dieser entweder gelöst oder unterdrückt wird. Die Eskalation kann im Normalfall in der Umgebung eines Projektleiters nicht unbeeinflusst weitergehen. Es wird abwechselnde interaktive Episoden mit Eskalation, Deeskalation und Patts geben auf dem Weg in Richtung Beilegung. Je weiter die Eskalation getrieben wird, desto schwieriger wird es für die Kontrahenten, eine weitere Eskalation oder einen Patt ohne externe Hilfe zu verhindern. Unabhängig davon, ob es die Kontrahenten mit oder ohne externe Hilfe schaffen, aus der Eskalation oder dem Patt zu kommen, beginnt die Deeskalation als Teil der Konfliktlösung auf dem Weg zum Frieden oder zur Beilegung. Auf unterschiedliche Konfliktlösungsstile und Konfliktlösungsmethoden wird im Abschnitt 5.2.2 nach den Eskalationsstufen eingegangen.

5.2.2. Die neun Eskalationsstufen

Glasl hat ein Modell für Konflikteskalation entwickelt, in dem man erkennen kann, welche Eskalationsstufe erreicht worden ist. Je nach Stufe sind unterschiedliche Auswirkungen und Ergebnisse möglich, und je nach Stufe unterscheiden sich auch die entsprechenden Lösungsmöglichkeiten. In der Praxis sind die Stufen natürlicherweise nicht so genau voneinander abgegrenzt wie in der Theorie, und auch die Eskalation springt im Normalfall in den Entwicklungsstufen hin und zurück.

Das Modell von Glasl hat neun Stufen, die in drei Ebenen eingeteilt sind. Je weiter der Konflikt eskaliert wird, desto primitiver und aggressiver werden die eingesetzten Methoden, um den Konflikt zu gewinnen. In der ersten Ebene (die ersten drei Stufen) besteht noch die Möglichkeit, dass beide Personen positive Ergebnisse (win-win) aus dem Konflikt erzielen. In der zweiten Ebene (die mittleren drei Stufen) wird wenigstens eine Person negative Auswirkungen des Konflikts (win-lose) spüren. In der letzten und dritten Ebene (die letzten drei Stufen) geht es nicht mehr darum, den Konflikt zu gewinnen, sondern ausschließlich darum, dass der Kontrahent negative Auswirkungen zu spüren bekommt, auch wenn dies bedeutet, dass man selber Schaden erleidet (lose-lose). Daher wird das Modell nicht als eine nach oben führende Treppe dargestellt, sondern als eine nach unten führende Treppe, die den Abstieg von konstruktiven Lösungsmöglichkeiten und moralisch vertretbaren Methoden darstellen soll.

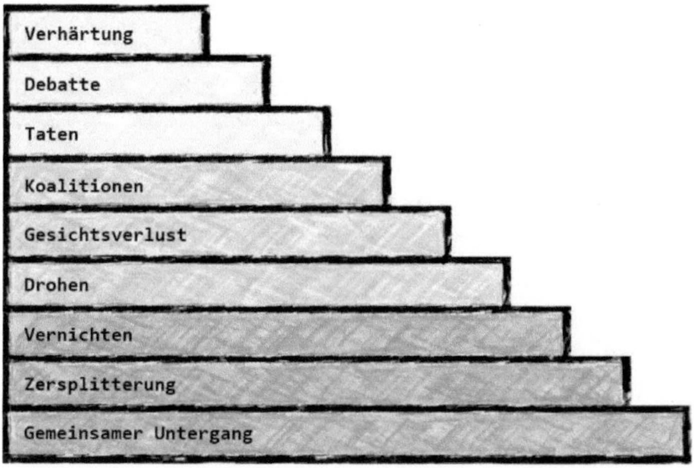

Abbildung 12: Die neun Eskalationsstufen nach Glasl

In der ersten Stufe, der Verhärtung, beginnt der Konflikt durch erste aufkommende Spannungen, beispielsweise durch Meinungsverschiedenheiten. Die Situation ist aber noch entspannt, da unterschiedliche Meinungen einen normalen Bestandteil des Alltags darstellen. Oft können Konflikte auf dieser Stufe noch durch einfache Diskussionen und einen gegenseitigen Austausch gelöst werden. Auf der zweiten Stufe, der Debatte, werden die jeweiligen Positionen härter und man versucht, den Kontrahenten durch rationale Argumente zu überzeugen. Dabei versucht man, den Gegner verbal unter Druck zu setzen, indem man starr auf der eigenen Sichtweise beharrt. Auf dieser Stufe entwickelt sich zudem eine schwarz-weiße Sichtweise, wobei die Argumente des Kontrahenten grundsätzlich immer als falsch betrachtet werden und mit Unverständnis für die andere Seite reagiert wird. Auf der dritten Stufe, den Taten, wird der Druck auf den Kontrahenten drastisch erhöht. Nun reicht es nicht mehr aus, Argumente auszutauschen und den Konflikt durch verbalen Austausch voranzutreiben. Gespräche werden zum Beispiel abgebrochen, stattdessen werden praktische Ausführungen dargestellt, um zu zeigen, dass der Kontrahent falsch liegt. Hierbei sinkt die Empathie und das Verständnis für den Gegner und wird durch Misstrauen und negative Erwartungen an den Kontrahenten ersetzt. Dieses Misstrauen führt dazu, dass der Konflikt einen beschleunigten, negativen Verlauf nimmt.

Auf der vierten Stufe – der ersten Stufe der zweiten Ebene, den Koalitionen – werden Maßnahmen von den Kontrahenten getroffen, die grundsätzlich dazu führen, dass nur eine Person Vorteile aus dem Konflikt erzielen kann. Der Gegner wird dabei verlieren und negative Konsequenzen durch den Konflikt spüren. Auf dieser Stufe beginnt die Suche nach Sympathisanten. Durch diese Suche formieren sich Allianzen, die gegeneinander kämpfen und sich innerhalb der eigenen Allianz gegenseitig unterstützen. Dabei verliert man den Fokus darauf, dass man den Konflikt gewinnt. Der Verlust des Gegners gewinnt an Bedeutung. Natürlich hat dies negative Auswirkungen auf die

Zusammenarbeit in einem Projektteam oder zwischen Projektteam und Unternehmen. Die Sachfrage wird auch nicht mehr wahrgenommen, sondern es geht inzwischen vielmehr ums Prinzip, dass man den Konflikt gewinnen möchte als darum, dass die eigentliche Sachfrage geklärt wird. Auf der fünften Stufe, dem Gesichtsverlust, werden der Konflikt und die Angriffe auf den Kontrahenten persönlich. Der Vertrauensverlust ist inzwischen vollständig geworden, und das Mistrauen nimmt weiter zu. Man versucht, den Gegner durch Unterstellungen bloßzustellen. Mit Gesichtsverlust ist in diesem Zusammenhang in erster Linie gemeint, dass man sich nicht mehr dafür interessiert, ob die eigenen Handlungen von anderen als moralisch vertretbar angesehen werden. Auf dieser Stufe reicht es aus, den Kontrahenten nur zu sehen, um schlechte Gefühle hervorzurufen. Auf der sechsten Stufe, dem Drohen, versuchen die Kontrahenten, den Konflikt durch Drohungen und Androhen von Strafen und negativen Auswirkungen zu gewinnen. Es geht nun darum, wer mehr Macht hat und wer die besseren Möglichkeiten hat, negative Auswirkungen für den Kontrahenten zu verursachen. Bei den Drohungen geht es grundsätzlich um unsachliche, persönliche und unmoralische Aussagen und Angriffe.

Auf der siebten Stufe, dem Vernichten, haben wir die dritte Ebene erreicht, auf der es nur noch Verlierer gibt. Es geht nicht mehr darum, den Konflikt auf Kosten des Kontrahenten zu gewinnen, sondern nur noch darum, dem Kontrahenten Schaden zuzufügen. Dabei ist es einem egal, ob man dadurch selbst negative Auswirkungen erleiden wird, solange der Schaden am Gegner noch größer ist. Die Sicht des Kontrahenten als Menschen nimmt ab, er wird eher als ein Gegenstand ohne Gefühle betrachtet. Eigene Werte, Einstellungen und Verhaltensweisen werden zurückgestellt. Auf der achten Stufe, der Zersplitterung, wird die gesamte Existenz des Kontrahenten durch Vernichtungsaktionen angegriffen, mit dem Ziel, den Kontrahenten vollständig zu zerstören. Bei der letzten Stufe, dem gemeinsamen Untergang, wird die eigene Vernichtung in Kauf genommen, solange man den Kontrahenten mit sich zieht. Es geht z. B.nicht mehr darum, den Kontrahenten den Hang runter zu schubsen – man springt selbst freiwillig den Hang hinunter, solange man den Kontrahenten dabei mit sich ziehen kann.

5.3. Lösungsstrategien

Konfliktmanagement und Konfliktlösung ist der Prozess, in dem Konflikte beseitigt werden, wobei negative Auswirkungen möglichst vermindert und positive Ergebnisse angestrebt werden. Je nach Situation und Kontrahent kann die Strategie der Konfliktlösung unterschiedlich gestaltet werden. Außerdem hilft es, wenn man die Triebkräfte eines Konflikts identifizieren kann, weil sich dadurch die Grundlage für den Konflikt besser entschärfen lässt.

5.3.1. Triebkräfte von Konflikten

Es gibt eine Vielzahl von unterschiedlichen Gründen für Konflikte in Projektumgebungen. Einige der häufigsten Gründe werden in diesem Abschnitt erläutert. Indem der Projektleiter unterschiedliche Gründe und Triebkräfte von Konflikten besser versteht, hat er die Möglichkeit, diesen vorzubeugen oder einen angemessenen Lösungsstil zu finden.

Konflikte können leicht in Situationen entstehen, bei welchen mehrere Projektmitarbeiter ihre Aufgaben und Tätigkeiten koordinieren müssen, um die eigenen Aufgaben und Tätigkeiten erledigen zu können. Dies führt zu Konflikten aufgrund von Kommunikationsschwierigkeiten und unterschiedlichen Herangehensweisen bei neuen Aufgaben und Tätigkeiten (siehe Kapitel über Lernen in Projekten: 7). Auch können hier Beziehungskonflikte entstehen, wenn beispielsweise jemand dem Projektleiter berichten muss, dass er seine Aufgaben nicht erledigt hat, weil er die Ergebnisse eines anderen Projektmitarbeiters noch nicht erhalten hat.

Der Führungsstil des Projektleiters kann auch leicht zu Konflikten führen. Unterschiedliche Projektleiter haben unterschiedliche Führungsstile. Diese verschiedenen Stile kommen bei unterschiedlichen Projektmitarbeitern unterschiedlich gut an. Da sich die Zusammensetzung des Projektteams immer wieder ändert, je nachdem, wie das Projekt vorangetrieben wird, findet der Führungsstil des Projektleiters unterschiedlichen

Anklang. Wenn der Projektleiter den Führungsstil an jede konkrete Situation anpassen kann, beugt er einigen dieser Konflikte vor.

So wie es unterschiedliche Führungsstile gibt, gibt es auch unterschiedliche Herangehensweisen bei neuen Aufgaben (siehe Kapitel über Lernen in Projekte: 7). Wenn mehrere Projektmitarbeiter gemeinsam an einer Aufgabe arbeiten müssen, kann es daher zu Konflikten führen, wenn die unterschiedlichen Stile aufeinanderstoßen. Aber auch unabhängig vom Lernstil gibt es Unterschiede, wie Projektmitarbeiter mit der Bearbeitung von Aufgaben umgehen. Einige möchten so viele Informationen wie möglich vom Projektleiter erhalten, andere suchen sich lieber selbstständig die notwendigen Informationen zusammen. Einige Projektmitarbeiter verschieben gerne die Arbeit bis zur letzten Sekunde, andere möchten die Aufgaben möglichst früh erledigen.

In einem Projektteam müssen unterschiedliche Persönlichkeiten mit unterschiedlichen Verhaltenspräferenzen zusammenarbeiten (siehe auch Kapitel über die Teamrollen: 2.2). Hier spielen auch andere Faktoren eine Rolle, auf die in früheren Kapiteln eingegangen wurde, z. B. der Haloeffekt und der ultimative Attributionsfehler (siehe auch das Kapitel über Beziehungen in Projekten: 6). Es ist wichtig für den Projektleiter, daran zu denken, dass die Projektmitarbeiter immer ihre persönlichen Präferenzen haben werden und dadurch Konflikte unvermeidlich sind. Also geht es in erster Linie darum, die

Unterschiede zu akzeptieren und nach der bestmöglichen Lösung zu suchen. Sollte das Verständnis für die unterschiedlichen Herangehensweisen nicht ausreichen, um Konflikte zu vermeiden, besteht eine weitere Möglichkeit für den Projektleiter darin, Vorgaben zu machen, wie die Arbeit zu organisieren ist.

5.3.2. Allgemeine Lösungsmöglichkeiten

Jeder Konflikt stellt ein Unikat dar. Eine Lösung sowie die Suche nach einer Lösung müssen in jeder konkreten Situation neu ausgearbeitet und eingeschätzt werden. Es gibt aber ein paar allgemeine Hinweise, die man bei der Konfliktlösung als Projektleiter beachten sollte.

Zunächst muss man versuchen, Ruhe zu bewahren und nicht sofort seinen ersten emotionalen Reaktionen, wie z. B. Ärger und Wut, nachzugeben. Wer sich in einer Situation wiederfindet, in der man sich verärgert fühlt, sollte das Streitgespräch verschieben, bis man die Möglichkeit hatte, sich zu beruhigen und das Streitgespräch ohne Emotionen führen kann.

Es ist auch wichtig, dem Kontrahenten richtig zuzuhören. Dadurch kann man Hinweise darauf erhalten, wieso der andere so reagiert oder gehandelt hat. Beim Zuhören oder im Gespräch mit dem Kontrahenten ist es wichtig, dass man wirklich aktiv zuhört und nicht nur versucht, die Zeit abzusitzen oder darauf zu warten, dass man die eigene Meinung und Sichtweise äußern darf.

Bei der Konfliktlösung hilft auch ein großes Maß an selbstkritischem Denken. Wer selber überlegen kann, wie das eigene Verhalten, Entscheidungen und Äußerungen zu dem Konflikt beigetragen haben, kann sich besser darum bemühen, eine Lösung zu finden, mit der alle zufrieden sind. Um das Zuhören, das selbstkritische Denken und das Verständnis zu unterstützen, kann es hilfreich sein, wenn man auf eine neutrale Ombudsperson oder einen Schlichter zurückgreifen kann.

5.3.3. Konfliktstile

Es gibt fünf grundlegende Strategien, um Konflikte zu lösen. Die Wahl der Strategie in einer konkreten Situation beruht auf zwei Faktoren: dem eigenen Durchsetzungsvermögen und dem eigenen Kooperationswillen. In jeder Konfliktsituation muss man sich also überlegen, wie wichtig es einem ist, dass man sich und das selbst gewünschte Ergebnis durchsetzt. Bei dem Kooperationswillen muss man sich überlegen, wie wichtig einem die jeweilige Beziehung ist. Bei Kontrahenten, mit denen man längerfristig zusammenarbeiten muss oder bei Personen, von denen die eigenen Aufgaben und Tätigkeiten abhängig sind, muss man mehr darauf achten, dass eine gute Beziehung fortbesteht. Je nachdem, ob man sich im unteren, oberen oder mittleren Bereich auf den beiden Variablen einschätzt, entstehen fünf unterschiedliche Konfliktlösungsstrategien: Durchsetzen, Zusammenarbeiten, Kompromiss, Vermeiden und Nachgeben.

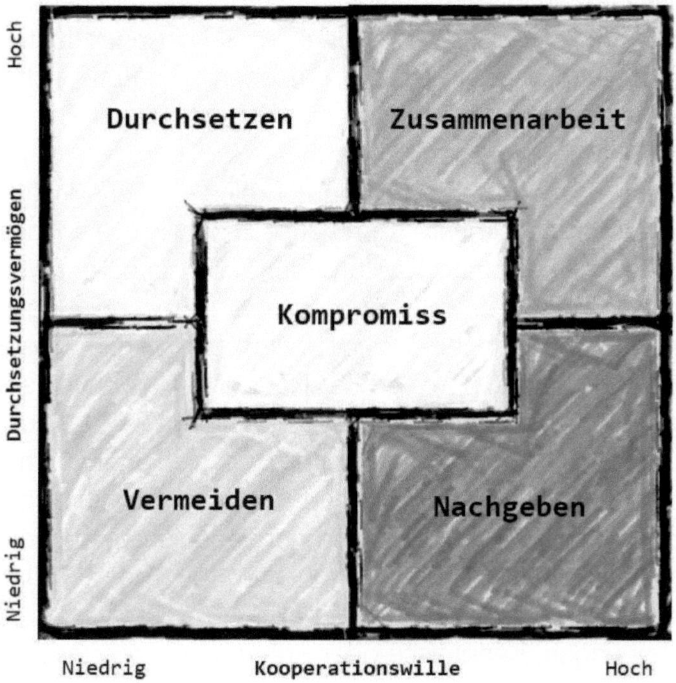

Abbildung 13: Konfliktlösungsstrategien / Konfliktstile

Der Konfliktstil ‚Durchsetzen' wird verwendet, wenn man das Ergebnis für wichtiger als die Beziehung hält. Ein häufig verwendetes Beispiel betrifft den Einkauf von Büromaterialien. Man ist nicht davon abhängig, dass der Verkäufer einen persönlich mag, sondern möchte ausschließlich möglichst wenig für das neue Druckerpapier und die neuen Kugelschreiber zahlen. Bei diesem Konfliktstil lehnt man also Kompromisse und die Bedürfnisse des Kontrahenten ab und fokussiert sich stattdessen darauf, die eigenen Interessen und Sichtweisen durchzusetzen. Oft werden dabei die eigenen Interessen auf Kosten der Beziehung durchgesetzt. Die Beziehung mit dem Kontrahenten beziehungsweise das Ansehen durch den Kontrahenten wird dadurch verringert. Dieser Stil ist z. B. angemessen, wenn es darum geht, Unternehmenswerte oder eine konstruktive Unternehmenskultur durchzusetzen. In manchen Situationen ist aus Zeitgründen kein anderer Weg möglich, oder es müssen unbeliebte Entscheidungen wie Sparmaßnahmen getroffen werden. Dieser Konfliktstil hat aber große Nachteile, insbesondere wenn er unternehmensintern verwendet wird. Das liegt daran, dass Projektmitarbeiter, die sich ständig mit diesem Konfliktstil konfrontiert sehen, auf Dauer nicht sonderlich motiviert sind und nur zögerlich versuchen, ihre Meinung zu äußern. Es besteht auch das Risiko, dass nicht das beste Ergebnis erzielt wird, da Meinungen, Kenntnisse oder Erfahrungen der anderen Projektmitarbeiter nicht berücksichtigt werden.

Der Konfliktstil ‚Zusammenarbeit' ist grundsätzlich sehr gut für die Motivation und erzielt oft Ergebnisse, die gut durchdacht sind, da mehrere Personen mit unterschiedlichen Kenntnissen und Erfahrungswerten beteiligt sind. Allerdings benötigt man für eine kooperative Konfliktlösung oft viel Zeit. Das Ziel des kooperativen Konfliktstils ist es, so lange an der Lösung zu arbeiten, bis alle damit zufrieden sind und für sich einen Gewinn sehen. Dieser Konfliktstil bietet sich daher z. B. an, wenn es darum geht, neue Produkte, Dienstleistungen oder Prozesse zu entwickeln.

Der Konfliktstil ‚Kompromiss' ist eine Abwandlung des Konfliktstils ‚Zusammenarbeit', weil man zwar versucht, zusammen eine gemeinschaftliche Lösung zu finden, aber jeder letzendlich etwas aufgeben muss, damit eine Lösung gefunden wird. Dieser Konfliktstil bietet sich daher beispielsweise an, wenn man eine kooperative Lösung finden möchte, dafür jedoch nicht ausreichend Zeit zur Verfügung steht.

Der Konfliktstil ‚Vermeiden' bedeutet, dass man dem Konflikt aus dem Weg geht. Dies bietet sich z. B. an, wenn man sagt, dass das Konfliktthema für einen selbst unwichtig ist und man sich daher nicht damit auseinandersetzen möchte. Allerdings ermöglicht dieser Konfliktstil keine wirkliche Lösung des Konflikts, und es besteht immer ein Risiko, dass dieser mit größerer Stärke zurückkommt. Dieser Konfliktstil eignet sich auch, wenn der Kontrahent sehr emotional wird und man der Meinung ist, dass man sich besser für eine bestimmte Zeit zurückzieht, um den Konflikt später erneut anzugehen, wenn sich die Lage entspannt hat und man sich wieder auf die Sachfragen fokussieren kann.

Der letzte Konfliktstil ‚Nachgeben' bedeutet, dass man die Interessen der anderen vor die eigenen setzt und sich daher bewusst dafür entscheidet, dass der andere den Konflikt gewinnen darf. Dieser Konfliktstil ist geeignet, wenn man sich nicht wirklich für das Ergebnis des Konflikts interessiert, die Beziehung zu dem Kontrahenten aber sehr wichtig ist. Er bietet sich auch an, wenn man keine Zeit oder Energie für den Konflikt aufbringen kann, die (Geschäfts-)beziehung zum Kontrahenten wichtiger ist als das Konfliktthema oder wenn man darauf gekommen ist, dass man mit der ersten eigenen Einschätzung falsch lag. Viele stufen diesen Konfliktstil fälschlicherweise als schwach ein. Richtig und bewusst eingesetzt, handelt es sich um ein gutes Prioritätenmanagement, damit man die eigene Arbeitszeit mit wichtigeren Themen verbringen kann oder diplomatisch wichtige Geschäftsbeziehungen durch ein Nachgeben bei einem unwichtigeren Thema gestärkt werden.

Für den Projektleiter ist es relevant, Kenntnisse über die unterschiedlichen Konfliktstile zu besitzen und sich darin zu üben, wann welcher Konfliktstil am besten eingesetzt wird. Diese Wahl wird je nach konkreter Situation und je nachdem, wie viel Zeit zur Verfügung steht, beeinflusst werden.

5.4. Zusammenfassung

Vielen Konflikten kann durch gute Kommunikation, gutes Leadership und angemessenes Verhalten vorgebeugt werden. Aber Konflikte wird es immer in Projektsituationen geben, da unterschiedliche Meinungen aufeinander stoßen und auch Ressourcen und Budgets meistens begrenzt sind. Wichtig für den Projektleiter ist es also, Konflikte als einen natürlichen Bestandteil des Alltags eines Projektleiters zu betrachten und an dem eigenen, richtigen und konstruktiven Umgang mit Konflikten zu arbeiten.

6. Beziehungen in Projektteams

Wer einer Routinearbeit in einer traditionellen Aufbauorganisation nachgeht, kann grundsätzlich von der Ausbildung bis zur Rente mit den mehr oder weniger gleichen Arbeitskollegen zusammenarbeiten. In Projektarbeiten werden für jedes Projekt die Projektorganisation und das Projektteam neu zusammengesetzt. Wenn die Arbeitsgruppe – das Projektteam – immer wieder neu gestaltet wird, erhöht sich die Wahrscheinlichkeit, dass Kollegen, die einander nicht so gut kennen, zusammenarbeiten müssen.

6.1. Erste Eindrücke: die Theorie

Unabhängig davon, wie klischeeartig das klingen mag: Der erste Eindruck zählt!

Die Bedeutung des ersten Eindrucks beschäftigt die Menschheit seit langem. Sowohl Philosophen als auch Wissenschaftler haben immer wieder die Hypothese besprochen und untersucht, dass die inneren Persönlichkeitsmerkmale durch das äußere Gesicht zu erkennen wären. Auch wenn die Einschätzung über einen fremden Menschen nur Sekunden nach der ersten Begegnung überraschend oft zutrifft, ist natürlich das Risiko für Fehleinschätzungen stark erhöht. Leider neigen Menschen dazu, an den Annahmen aus dem ersten Eindruck festzuhalten, auch wenn sie später eine Vielzahl an Gegenargumenten erhalten.

Da die psychologischen Prozesse eines ersten Eindrucks automatisch ablaufen, können wir uns leider nicht davon abhalten, einen ersten Eindruck von anderen Menschen schon zu einem sehr frühen Zeitpunkt zu erhalten, da dies unterbewusst geschieht. Wir können uns aber mit der Theorie zum ersten Eindruck vertraut machen. Wenn wir ein Verständnis dafür entwickelt haben, was unterbewusst in uns vorgeht, können wir versuchen, dies bewusst zu hinterfragen und dadurch Menschen eine zweite Chance zu einem ersten erhaltenen Eindruck zu geben.

6.1.1. Die Bedeutung der ersten Begegnung

Bei der ersten Begegnung mit einer uns zuvor fremden Person bilden wir uns zwangsläufig und unterbewusst einen (ersten) Eindruck und eine Einschätzung zu dieser Person. Dieser Eindruck und diese Einschätzung entstehen innerhalb von Millisekunden. In dieser kurzen Zeit werden eine Vielzahl an unterschiedlichen äußeren und oberflächlichen Eindrücken verarbeitet, z. B. Alter, Geschlecht, Aussehen, Körperbau, Kleidung, Frisur, Haltung, Stimme, Bewegungsmuster usw.

Die Bedeutung der Fähigkeit zu einer extrem schnellen Beurteilung einer fremden Person wird klar, wenn man dies aus einer historischen und evolutionären Perspektive betrachtet. In der frühen Menschheitsgeschichte war es überlebenswichtig, schnell beurteilen zu können, ob eine Person vertrauenswürdig oder eher feindlich gesinnt war.

Abbildung 14: Der erste Eindruck?

Erste Eindrücke bleiben, sobald sie geformt worden sind, sehr lange bestehen. Dies hat mehrere Ursachen. Eine Ursache ist, dass der Mensch oftmals erfolgreich die richtigen Persönlichkeitsmerkmale nach der ersten Begegnung zuordnet und sich somit durch diese Erfolgserfahrungen bestätigt fühlt. Dieses positive Bestätigungsgefühl wird aber auch aktiv eingefordert, indem beispielsweise das zukünftige Verhalten von Menschen mit dem Ziel auf Bestätigung interpretiert wird. Auf diesen Aspekt wird in den nächsten Abschnitten näher eingegangen.

Trotz der hohen Treffsicherheit vieler erster Einschätzungen gibt es ein hohes Risiko, dass bei der Zuordnung von Persönlichkeitsmerkmalen und ersten Eindrücken Fehler unterlaufen. Auch auf diese Fehler wird in den nächsten Abschnitten näher eingegangen.

6.1.2. Selbsterfüllende Prophezeiungen

Beim Placebo-Effekt erhalten Patienten wirkungslose Zuckerpillen anstelle von richtigen Medikamenten. Trotzdem können die Zuckerpillen teilweise die gleiche Wirkung wie die richtigen Medikamente erzielen, da die

Patienten in dem Glauben sind, dass sie richtige Medikamente erhalten. Einen ähnlichen Effekt gibt es beim ersten Eindruck. Sobald sich der erste Eindruck manifestiert hat, wird im Normalfall nach Informationen und situativen Beispielen gesucht, die diesen Eindruck bestätigen würden. Wenn sich jemand z. B. beim ersten Meeting verspätet, bildet sich leicht die Vorstellung, dass diese Person allgemein unzuverlässig sei. Wenn sich diese Person sechs Monate später noch einmal verspätet, wird diese Einschätzung bestätigt und verstärkt. Dass diese Person im letzten halben Jahr zu jedem Meeting immer mindestens fünf Minuten zu früh erschienen ist, wird in diesem Moment sehr leicht übersehen. Diese sogenannten ‚selbsterfüllenden Prophezeiungen' sind sehr mächtig und führen gerade beim ersten Eindruck dazu, dass es sehr schwierig ist, eine zweite Chance für den ersten Eindruck zu erhalten.

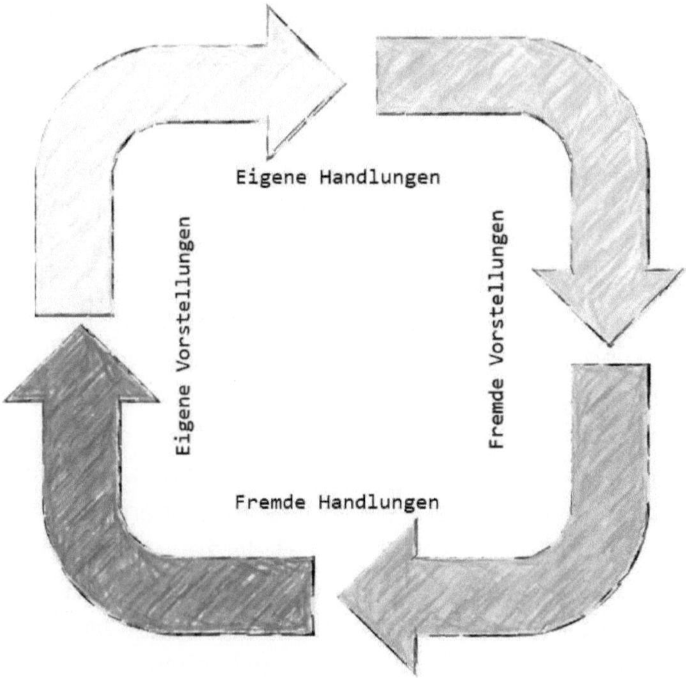

Abbildung 15: Pygmalion-Effekt bzw. Selbsterfüllende Prophezeiungen

Selbsterfüllende Prophezeiungen (auch Pygmalion-Effekt genannt) führen auch dazu, dass Stereotype und Vorurteile (leichter) erhalten bleiben. Stereotype sind übergeneralisierte Beschreibungen von Gruppen oder Kategorien von Menschen („Schubladendenken"). Das Problem bei Stereotypen ist die Annahme, dass alle Menschen, die zu der Gruppe oder Kategorie gehören, die gleichen Persönlichkeitsmerkmale und Verhaltensweisen besitzen. Durch Stereotype werden auch unsere ersten Eindrücke zu einer fremden Person beeinflusst, da sie in eine bestimmte Richtung gelenkt werden, falls wir visuelle Hinweise darauf erhalten, dass eine Person einer gewissen stereotypen Kategorie angehört.

Es gibt einen weiteren psychologischen Begriff, der bedeutsam für das Verständnis der Nachhaltigkeit der ersten Eindrücke ist. Dieser Begriff nennt sich ‚Thin Slicing' (deutsch: dünne Scheiben schneiden) und beschreibt, dass Menschen dazu neigen, Muster nur aufgrund sehr weniger Informationen oder Erfahrungen (Scheiben) zu erkennen. Das heißt, nur sehr begrenzte Informationen reichen bereits aus, damit wir uns ein Bild von etwas oder jemandem machen können. In vielen Fällen genügen bereits wenige Informationen, um sich ein erstes (oft korrektes) Bild zu verschaffen. Problematisch wird es, wenn dieses Verfahren mit den selbsterfüllenden Prophezeiungen kombiniert wird und wir uns diese Scheiben danach aussuchen, ob sie mit unserem bereits vorhandenen Bild übereinstimmen. Wir können Thin Slicing nicht vermeiden oder abschalten. Das ergibt Sinn, wenn man es in einem größeren Kontext betrachtet. Wir müssen jeden Tag sehr große Mengen an Eindrücken und Informationen verarbeiten. Alle diese Eindrücke durch rationales Denken zu verarbeiten, würde mehr Zeit in Anspruch nehmen als wir zur Verfügung haben. Daher hat sich das menschliche Gehirn so entwickelt, dass es unterbewusst kleine Bruchstücke auswählt, um diese weiter zu verarbeiten.

6.1.3. Der ultimative Attributionsfehler

Attribution ist der Prozess, bei welchem wir Informationen und Erfahrungen nutzen, um Persönlichkeitsmerkmale anderer Menschen zu erklären. Grundsätzlich versuchen wir immer, Erklärungen für das Verhalten anderer zu finden. Wer einmal zu spät kommt, wird als unzuverlässig eingestuft. Wer einmal vergessen hat, das Hemd in den Hosenbund zu stecken, wird als ungepflegt eingestuft. Es gibt dabei zwei unterschiedliche Attributionen, die externe und die interne Attribution. Externe Attribution ist, wenn wir versuchen, die Ursache für das Verhalten einer Person in der Umgebung oder in der Situation zu finden. Interne Attribution bedeutet, dass wir nach der Ursache für das Verhalten einer Person in den Persönlichkeits-merkmalen dieser Person suchen.

Wenn wir über uns selbst nachdenken und versuchen, unser eigenes Verhalten zu erklären, suchen wir in der Situation nach einer Erklärung. Als Beispiel: Ich bin zu spät gekommen, weil der Bus zu früh gefahren ist und ich auf den nächsten Bus warten musste. Bei anderen Menschen neigen wir dazu, Erklärungen im Inneren zu suchen. Er ist zu spät gekommen, weil er unpünktlich ist. Dieser Unterschied, dass wir andere nach einem internen Attributionsprozess bewerten, uns selbst aber nach einem externen Attributionsprozess, ist unter Menschen so stark ausgeprägt, dass Psychologen von dem ‚ultimativen Attributionsfehler' sprechen. Als Erklärung für diesen Attributionsfehler kann man aufführen, dass es nicht falsch sein muss, anzunehmen, dass ein sich freundlich verhaltender Mensch auch eine freundliche Person ist. Bei uns selbst haben wir direkt das vollständige Bild vor den Augen und können daher viel einfacher eine situationale Erklärung finden. Außerdem bietet die externe Attribution bei uns selbst eine bequeme Möglichkeit, uns vor Kritik gegenüber der eigenen Person zu schützen. Wenn wir nach Erklärungen für unser (Fehl-)Verhalten in der Umgebung suchen, müssen wir uns nicht mit unserem Selbstbild auseinandersetzen und dieses hinterfragen.

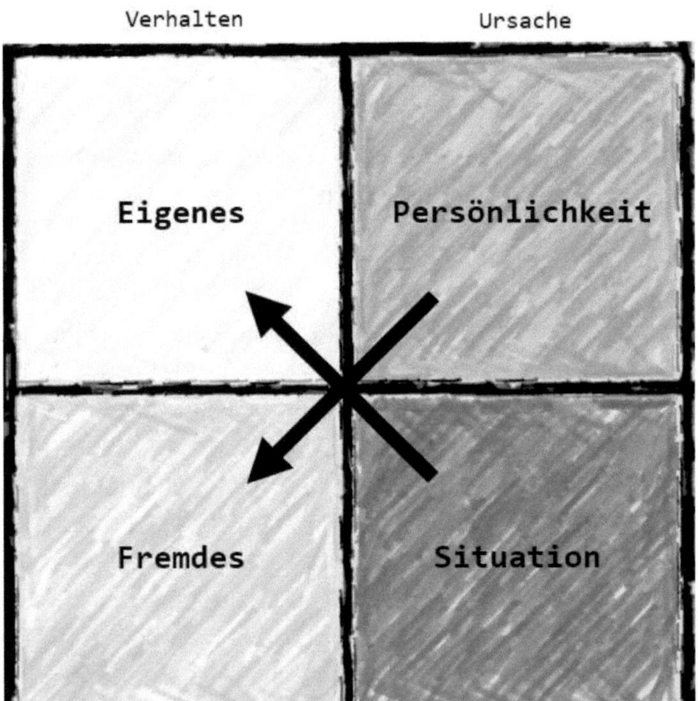

Abbildung 16: Der ultimative Attributionsfehler

Es gibt einige Faktoren, die einen Attributionsfehler begünstigen. Wenn eine Person anscheinend aus eigenem Willen handelt und sogar andere Verhaltensmöglichkeiten hatte, steigt das Risiko, dass wir sie einem internen Attributionsprozess unterziehen. Auch wenn das beobachtete Verhalten eine bewusste Handlung darstellt, erhöht sich die Wahrscheinlichkeit, dass wir das Verhalten mit der Persönlichkeit verknüpfen. Bei versehentlichen Handlungen dagegen würden wir das Verhalten eher durch die Situation erklären. Verhalten, das nicht gesellschaftlich akzeptiert ist, führt auch mit großer Wahrscheinlichkeit zu einer internen Attribution. Wenn das Verhalten einer anderen Person sich direkt an uns richtet, besteht ein größeres Risiko, dass wir das Verhalten persönlich nehmen. Dadurch steigen die Möglichkeiten, dass uns ein Attributionsfehler unterläuft.

Verstärkt wird der Attributionsfehler durch den sogenannten Halo-Effekt. Die meisten Menschen kennen den Halo-Effekt als einen Lichteffekt, der durch einen strahlenden Kreis, z. B. um die Sonne oder eine andere Lichtquelle, gekennzeichnet ist. In der Psychologie dagegen bezeichnet der Halo-Effekt die Möglichkeit, dass wir gewisse beobachtete Verhaltensweisen auf andere Persönlichkeitsmerkmale ‚überstrahlen' lassen. Ein Beispiel dafür ist, dass gepflegte Personen häufig als freundliche und sympathische Menschen empfunden werden. Dabei haben die drei genannten persönlichen Eigenschaften sehr wenig mit einem gebügelten Hemd zu tun.

6.1.4. Impressionsmanagement

Wenn wir die Theorie hinter dem ersten Eindruck verstanden haben, können wir uns darüber Gedanken machen, wie wir selbst von anderen Menschen begutachtet und analysiert werden. Wenn wir versuchen, das Bild zu beeinflussen, welches andere von uns erhalten, reden Psychologen von ‚Impressionsmanagement'. Die Grundsätze des Impressionsmanagements richten sich nach den eigenen persönlichen Zielen, die wir durch das übermittelte Bild von uns selbst erreichen wollen. Es gibt dabei zwei unterschiedliche Möglichkeiten, Impressionsmanagement zu betreiben. Entweder möchten wir das wahre Ich zeigen, so wie wir uns selbst empfinden und einschätzen. Dabei möchten wir, dass die anderen uns so sehen, wie wir tatsächlich (oder wenigstens, wie wir selber glauben) sind. Die zweite Möglichkeit besteht darin, dass wir versuchen, ein Bild zu übermitteln, das mit den Erwartungen der anderen übereinstimmt. Es muss sich dabei nicht zwangsläufig um irreführendes oder manipulatives Verhalten handeln. Als Beispiel kann man einen eher schüchtern veranlagten Projektleiter nennen, welcher versucht, ein gewisses Selbstvertrauen auszustrahlen, wenn er vor einem Publikum spricht. Viele Menschen betreiben diese Art von Impressionsmanagement, wie der Fußballer, der einen neuen Vertrag erhalten möchte, der Künstler, der ein Publikum zu den Konzerten locken möchte oder der Verkäufer, der Fachkompetenz und Freundlichkeit ausstrahlen möchte.

Da wir nun wissen, dass erste Eindrücke auf oberflächlichen Merkmale beruhen, können wir einige (offensichtliche) Punkte nennen, um das äußere Erscheinungsbild darzustellen, das den gewünschten ersten Eindruck hinterlässt:

- Zeitgerecht und vorbereitet erscheinen (Risiko: als unzuverlässig eingestuft zu werden)
- Ein gepflegtes Äußeres mit angemessener Kleidung (Risiko: als unordentlich eingestuft zu werden)
- Auf die Körpersprache achten: Gute, aufrechte Haltung und Augenkontakt halten (Risiko: als verschlossen und introvertiert eingestuft zu werden)
- Enthusiastisch und freundlich sein, und natürlich nicht das Lächeln vergessen (Risiko: als unfreundlich eingestuft zu werden)
- Selbstbewusstsein und Positivität ausstrahlen (Risiko: als verschlossen und unsicher eingestuft zu werden)
- Die eigenen Gefühle kontrollieren. Ärger und Wutausbrüche kommen selten gut an in geschäftlichen Meetings und Beziehungen (Risiko: als unberechenbar eingestuft zu werden)

Die psychologische Forschung zum Impressions-management bezog sich lange Zeit auf die Face-to-Face -Kommunikation (deutsch: von Angesicht zu Angesicht). Grundsätzlich denkt man auch heute, wenn es um erste Eindrücke und Impressionsmanagement geht, an die direkte Kommunikation zwischen Menschen. Nur in der direkten zwischenmenschlichen Kommunikation kommen all die bekannten Faktoren zum Ausdruck, z. B. Körpersprache, Stimme, Kleidung, Verhalten usw.

Allerdings gibt es heutzutage auch einen anderen Aspekt von ersten Eindrücken und Impressionsmanagement, und zwar den digitalen. Heute reicht es in den meisten Berufen – insbesondere bei Projektleitern – nicht mehr aus, sich ausschließlich analog zu verkaufen. Es wird in fast allen Fällen auch eine digitale Darstellung der eigenen Person erwartet. Diese kann sich je nach Branche und Einzelfall unterschiedlich gestalten. Einerseits gibt es die nichtverbale, digitale Kommunikation, wie z. B. über eine Homepage. Noch interessanter für einen Projektleiter ist aber der zweite Aspekt, und zwar die digitale Kommunikation per Video- oder Telefonkonferenzen. Aufgrund der Globalisierung und einer erhöhten Flexibilität bei der Arbeit (Homeoffice) werden immer mehr Projektmeetings virtuell gehalten. Bei den digitalen ersten Eindrücken und dem Impressionsmanagement per Videokonferenz gelten zwar die gleichen Grundprinzipien wie bei analogen Meetings, aber mit einigen Besonderheiten. Auf diese Besonderheiten wird im Kapitel zu virtuellen Projektteams näher eingegangen.

6.1.5. Die eigenen Eindrücke herausfordern

Man muss klar und deutlich festhalten, dass ein Ausschalten oder Abschalten der eigenen Eindrücke oder deren unterbewusste Verarbeitung nicht möglich sind. Unser Gehirn wird die Eindrücke, die wir jeden Tag und in jeder Situation erhalten, auch unterbewusst verarbeiten und uns ein Ergebnis liefern, unabhängig davon, ob wir dies beabsichtigen und mögen oder nicht. Es wird oft gesagt, dass man ein Buch nicht nach dem Umschlag beurteilen sollte. Leider ist es nur selten möglich, an den Inhalt eines Buches zu gelangen, ohne einen Blick auf den Umschlag zu werfen. In diesem Augenblick, in diesen wenigen Millisekunden, hat sich bereits ein erster Eindruck gebildet und eine Bewertung des Buches ist erfolgt.

Sobald man sich den Prozess, wie die eigenen Eindrücke entstehen, bewusst gemacht hat kann man anfangen, diese zu hinterfragen. Wer von dem fundamentalen Attributionsfehler Kenntnis hat, kann sich aktiv damit auseinandersetzen und nach Erklärungen in der Umgebung und in der Situation nach dem Verhalten anderer Menschen suchen. Auch im Bereich der selbsterfüllenden Prophezeiungen und des Thin Slicings können wir bewusst und aktiv das Ergebnis unserer Eindrücke hinterfragen, indem wir verstehen, dass unser Gehirn in erster Linie Informationen aus der Realität extrahiert, welche zu unseren Vorstellungen und Erwartungen passen. Wir können dann bewusst und aktiv unsere Aufmerksamkeit noch mal auf die Situation lenken und möglichst unabhängig versuchen, nach weiteren Informationen und Merkmale zu suchen, die zusätzliche Hinweise auf die faktischen Hintergründe der Situation und das Verhalten anderer beinhalten. Verstärkt werden diese Effekte durch den zuvor diskutierten Halo-Effekt. Aber auch im Bereich des Halo-Effekts ist es möglich, die eigenen Eindrücke aktiv und bewusst zu hinterfragen. Nur weil wir positive Eindrücke von einer Person in einem Bereich erhalten haben, heißt es nicht, dass diese Person in allen Bereichen gut ist. Dies gilt jedoch auch für den umgekehrten Fall. Wenn wir in einer Situation negative Eindrücke von einer Person erhalten haben, heißt es natürlich nicht, dass diese Person in allen Bereichen schlecht ist.

Leider ist der Prozess, die eigenen Eindrücke ständig zu hinterfragen, anstrengend. Das liegt daran, dass wir aktiv und ständig nach zusätzlichen Eindrücken suchen und die bereits verarbeiteten Eindrücke ständig ausdrücklich hinterfragen und analysieren müssen. Dabei müssen wir uns gegebenenfalls auch mit neuen Fragen und Einsichten über uns selbst auseinandersetzen, indem wir infrage stellen, wieso wir die Eindrücke so verarbeitet haben und wieso wir in genau dieser Situation zu diesem Ergebnis gekommen sind.

6.2. Zusammenfassung

Impressionsmanagement ist grundsätzlich als Vermarktung der eigenen Person zu verstehen. Diese besondere Fähigkeit kann man sich leider nicht innerhalb kürzester Zeit aneignen. Sie muss geübt werden, indem ständig das eigene Verhalten und die Reaktionen darauf reflektiert und analysiert werden. Für den Projektleiter geht es nicht nur um die Vermarktung der eigenen Person sondern auch darum, als welche Art von Leader man verstanden werden möchte.

7. Lernstile während der Projektarbeit

In Projekten werden grundsätzlich neue, einmalige und vorübergehende Aufgaben bewältigt. Wer etwas zum ersten (und einzigen) Mal durchführt, kann natürlich vorab nicht wissen, wie er es machen soll. Wer etwas zum ersten Mal macht, muss sich zuerst (oder gleichzeitig) beibringen, wie er die Aufgaben erledigen kann. Daher gibt es große Ähnlichkeiten, wie man sich neue Fähigkeiten oder Kenntnisse beibringt und wie man eine Projektaufgabe angehen möchte. Es ist deshalb für den Projektleiter wichtig zu wissen und zu verstehen, wie Lernprozesse funktionieren und welche unterschiedlichen Lernstile es gibt, da diese Hinweise und Erklärungen für das Verhalten in der Projektgruppe geben können.

7.1. Lernen & Lerntheorien

Die Art und Weise des Lernens von Studenten und Schülern wurde von Psychologen intensiv untersucht. Die meisten Lernmodelle fallen in eine von drei Modellarten: verhaltensbasierte Modelle, kognitive Modelle und konstruktive Modelle. Die verhaltensbasierten Modelle nehmen grundsätzlich an, dass Wissen durch Interaktionen mit einem Menschen übertragen wird. Ein berühmtes Beispiel dafür sind die Hunde von Pavlov. Bevor sie Essen erhalten haben, hat er jedes Mal mit einer Glocke geklingelt. Nach einigen Tagen genügte es bereits, mit der Glocke zu klingeln, und die Hunde zeigten Speichelfluss in Erwartung des kommenden Essens. In den verhaltensbasierten Modellen ist Lernen also ein Ergebnis aus der Kombination von Stimuli und Antwort. Die kognitiven Modellen dagegen nehmen an, dass das Lernen ein Ergebnis aus der bewussten Be- und Verarbeitung von Informationen ist. Daher entsteht Lernen in den kognitiven Modellen, wenn der Lernende Informationen mental neu gestaltet, indem er neue Erklärungen findet oder alte anpasst.

In der Praxis gestaltet sich Lernen oftmals als eine Mischung aus allen drei Theorien. In den nächsten Abschnitten wird näher auf ein paar Modelle eingegangen, die sich mit Lernmodellen beschäftigen, welche insbesondere in Projektumgebungen relevant sind.

7.1.1. Allgemeines Lernmodell nach Lewin

In Projekten wird eine Zustandsveränderung erreicht. Durch die Durchführung eines Projektes in einem Unternehmen oder einer Organisation verursacht man zwangsläufig irgendeine Art von Veränderung. Im Lernmodell von Lewin wird beschrieben, wie Menschen mit Veränderungen umgehen und die neuen Gewohnheiten erlernen. Er geht davon aus, dass man alte Verhaltensweisen verlernen muss, bevor man neue erlernen kann. Er nimmt auch an, dass persönliches Verhalten auf dem Gruppenverhalten oder Unternehmensverhalten beruht. Das heißt, wenn wir die Strukturen oder Organisation in einem Unternehmen verändern, wird dies auch zu Veränderungen im

Verhalten auf der Ebene eines einzelnen (Projekt-)Mitarbeiters führen.

Das allgemeine Lernmodell nach Lewin, welches insbesondere in Veränderungsprozessen zum Einsatz kommt, besteht aus drei Phasen: Auftauen, Bewegen und Einfrieren. In der ersten Phase, dem Auftauen, entsteht eine erste Motivation, die Veränderung anzunehmen. Durch die oben genannte Veränderung in der Organisation des Unternehmens entsteht ein Konflikt in dem Mitarbeiter, durch den er sein bisheriges Verhalten infrage stellen muss. Das kann daran liegen, dass die Gegebenheiten sich so verändert haben, dass sein bisheriges Verhalten keinen Sinn mehr ergibt oder nicht mehr logisch oder vertretbar erscheint. Am effektivsten funktioniert das Auftauen, wenn der Projektleiter es schafft, durch diesen Konflikt eine intrinsische Motivation zu erzeugen. Das ist z. B. möglich, indem man eine Veränderung in Gang setzt, die Projektmitarbeiter selbstständig entdecken lässt, dass eine Verhaltensänderung notwendig ist. Das setzt voraus, dass man die Zeit hat darauf zu warten, dass die Projektmitarbeiter dies selbst entdecken.

Wenn man in der ersten Phase angefangen hat, das eigene Verhalten zu hinterfragen und eine möglichst intrinsische Motivation entwickelt hat, kann man in die zweite Phase übergehen, das Bewegen. Da die Motivation, sich zu verändern nun vorhanden ist, kann man mit der tatsächlichen Veränderungsphase beginnen und anfangen, das neue Verhalten zu implementieren. In dieser Phase wird also aus der

Veränderung eine neue Realität geschaffen. Entsprechend entstehen in dieser Phase gegebenenfalls Anpassungsschwierigkeiten, da man sich noch an die neue Realität gewöhnen muss. Daher kann diese Phase einige Zeit in Anspruch nehmen. Ein solcher Gewöhnungsprozess geschieht oft nicht über Nacht, sondern eher über einen längeren Zeitraum. Da man in so einer Gewöhnungsphase ein neues Verhalten, neue Prozesse und eine neue Art zu denken erlernen muss, ist es sehr hilfreich, wenn der Projektleiter während dieser Phase unterstützend zur Seite steht. Die Unterstützung kann darin bestehen, dass der Projektleiter sich darum kümmert, über die neuen Prozesse und die neue Realität zu unterrichten und zu informieren. Es ist auch wichtig, dass der Projektleiter sich Zeit für Kommunikation und Rückfragen nimmt sowie den Projektmitarbeitern möglichst Zeit gibt, sich an die neuen Prozesse und die neue Realität zu gewöhnen. Außerdem hilft es, wenn man das Ziel und die Gründe der Veränderung öfter wiederholt und erläutert, damit sich diese Informationen in den Projektmitarbeitern verfestigen.

In der dritten Phase, der Stabilisierung, verfestigen sich die neue Realität und die neuen Gewohnheiten. Verhalten und Prozesse werden zu dem neuen Normalzustand. In dieser Phase werden die Veränderungen endgültig als die neue Realität akzeptiert. Diese Phase ist sehr wichtig, da ohne Akzeptanz für das neue Verhalten und die neuen Prozesse immer die Gefahr besteht, dass die

Projektmitarbeiter versuchen, zu dem alten Zustand zurückzukehren. Daher muss der Projektleiter in dieser Phase darin unterstützen, dass die Veränderung nicht verloren geht, indem die Projektmitarbeiter sich schrittweise das ehemalige Verhalten wieder aneignen. Diese Unterstützung kann darin bestehen, dass der Projektleiter durch Feedback und direkte Kommunikation darauf einwirkt, das neue Verhalten zu zementieren und zu festigen. Sobald sich das neue Verhalten und die neuen Prozesse etabliert und verfestigt haben, kann der Prozess von vorne anfangen, wenn eine neue Veränderung eingeführt werden soll. Für die nächste Veränderung ist dann die neue Realität der Ausgangspunkt für die erste Phase, das Auftauen.

7.2. Lernstile nach Kolb

Unterschiedliche Menschen gehen unterschiedlich damit um, wenn sie sich neue Kenntnisse und neues Wissen beibringen müssen. Es kann aber auch sein, dass die gleiche Person sich neues Wissen je nach konkreter Situation auf verschiedene Weise beibringt. Die individuelle Präferenz eines Lernstils wird von der sozialen Umgebung, der bisherigen Bildung und den kognitiven Fähigkeiten einer Person beeinflusst.

Um den Lernstil zu beschreiben, verwendet Kolb zwei Variablen. Die erste Variable beschäftigt sich mit Prozessen, also damit, wie wir eine neue Aufgabe angehen. Die beiden Endpunkte auf dieser Variablen bestehen in ‚aktives Experimentieren‘ und ‚reflektierendes Beobachten‘. Die zweite Variable beschäftigt sich unter anderem damit, was wir über eine neue Aufgabe denken und wie wir uns bei der Ausführung fühlen. Die beiden Endpunkte sind hier ‚konkrete Erfahrung' und ‚abstrakte Begriffserklärung'. In dem Modell von Kolb wird angenommen, dass wir uns nicht gleichzeitig mit den beiden gegenüberstehenden Begriffe beschäftigen können, sondern dass wir uns bei jeder Variable für einen der Endpunkte entscheiden müssen. Daher entsteht aus diesen beiden Variablen eine Matrix mit vier Feldern, die jeweils einen Lernstil repräsentieren.

Wer den Lernstil eines Projektmitarbeiters kennt, wird sein Verhalten besser einordnen können wenn er sich mit neuen, bisher unbekannten Aufgaben auseinandersetzen muss. Außerdem kann der Projektleiter diese Person besser unterstützen, da er neue Informationen und neues Wissen so weitergeben kann, dass es am besten zum Lernstil dieses Projektmitarbeiters passt.

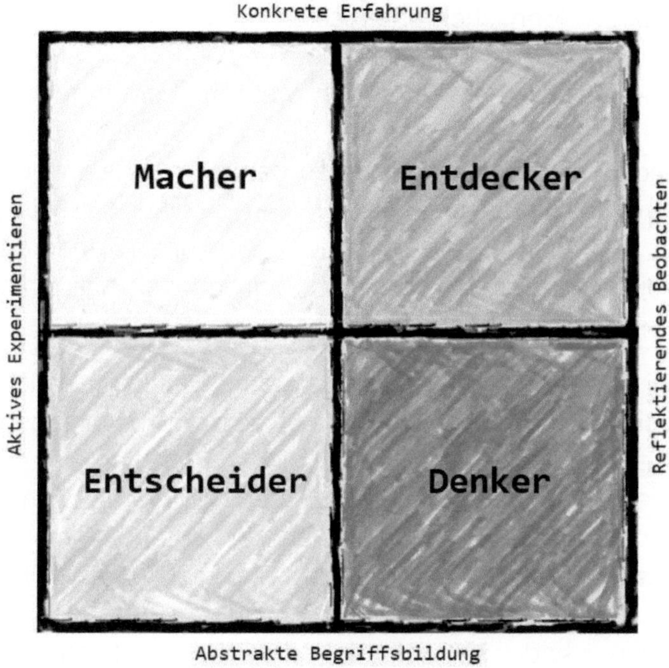

Abbildung 17: Lernstile nach Kolb

Der erste Lernstil ist der des Entdeckers (auch Divergierer genannt). Diese Personen können neue Aufgaben aus mehreren unterschiedlichen Perspektiven betrachten. Sie schauen lieber zu, als etwas in der Praxis auszuprobieren. Dabei sammeln sie gerne Informationen und nutzen ihre Fantasie und Vorstellungskraft, um Probleme zu lösen. Dieser Lernstil wird Divergierer genannt, da diese Personen meistens sehr gut darin sind, Situationen zu beherrschen, die eine größere Menge an neuen Ideen benötigen, z. B. Brainstorming. Der Entdecker ist oft an anderen Menschen interessiert und hat ein gutes kulturelles Verständnis. Entdecker können sich leicht neue Möglichkeiten vorstellen, werden aber oft bei der Wahl ihrer Handlungsmöglichkeiten von ihren Emotionen geleitet und treffen daher Entscheidungen nicht durch rationales Denken. Der Entdecker arbeitet gut in Gruppen zusammen, hört den anderen Projektmitarbeitern gern zu und arbeitet aktiv mit persönlichem Feedback.

Der zweite Lernstil ist der des Denkers (auch Assimilierer genannt). Diese Personen bevorzugen einen logischen Ansatz und ziehen das Lernen mit Ideen und theoretischen Konzepten der Interaktion mit Menschen und Teams vor. Daher möchten sie immer wissen, wie und wieso etwas funktioniert und welche Erklärungen dahinterstecken könnten. Aus diesem Grund sind sie oft in der Lage, komplexe Zusammenhänge zu verstehen und diese Informationen so zu verarbeiten, dass diese übersichtlich und logisch dargestellt werden. Sie möchten außerdem immer wissen, wie die dahinterstehende Theorie konzipiert ist, interessieren sich aber weniger für die praktische Umsetzung und Umsetzbarkeit von Ideen und Konzepten. Dieser Lernstil funktioniert sehr gut in theoretisch fundierten Umgebungen, die auf Wissen und Kenntnissen basieren, z. B. der wissenschaftlichen Forschung. In konkreten Lernsituationen bevorzugt der Denker es, sich neue Informationen und Wissen durch Lesen,

Vorlesungen und Analysen anzueignen und benötigt dabei oft Zeit für sich allein zum Nachdenken.

Der dritte Lernstil ist der des Entscheiders (auch Konvergierer genannt). Diese Personen neigen dazu, Probleme praktisch lösen zu wollen. Dabei interessieren sie sich mehr für technische Spezifikationen und Funktionen als für Menschen und Gruppen. Sie gehören nicht unbedingt zu den Personen, welche die meisten Ideen beitragen werden, aber sie sind meistens sehr gut darin, praktische und praktikable Umsetzungen für unterschiedliche Ideen zu entwickeln. In einer konkreten Lernsituation experimentieren sie gern mit unterschiedlichen Umsetzungsideen, um zu simulieren, was in der Praxis funktionieren könnte.

Der vierte Lernstil ist der des Machers (auch Akkomodierer genannt). Diese Personen lernen, indem sie unterschiedliche Lösungsansätze direkt in der Praxis umsetzen und ausprobieren, sie denken weniger in Tiefe über die entsprechenden Ideen und Lösungen nach. Dabei vertrauen sie lieber ihrer Intuition und direkten Erfahrungen als logischen Analysen und rationalem Denken. Sie mögen daher immer wieder neue Herausforderungen und Aufgaben und können es meistens nicht erwarten, mit der praktischen Umsetzung beginnen zu dürfen. In der Planungsphase können sie daher unruhig und ungeduldig werden. Wenn Informationen, Kenntnisse und Wissen unbedingt benötigt werden, holen sie sich diese Informationen lieber von anderen ein, als selbst komplexe Analysen und Wissensverarbeitungen durchzuführen.

7.2.1. „Der Lernkreis“

Auch wenn Personen in erster Linie zu einem bestimmten Lernstil neigen und ihre eigenen persönlichen Präferenzen entwickelt haben, ist es natürlich so, dass in der Praxis meist mehrere unterschiedliche Stile benötigt werden, um sich neues Wissen anzueignen oder neue Lösungen zu finden. Daher können die beiden Variablen im Abschnitt oben mit den jeweiligen Endpunkten zu einem Lernkreis zusammengefügt werden.

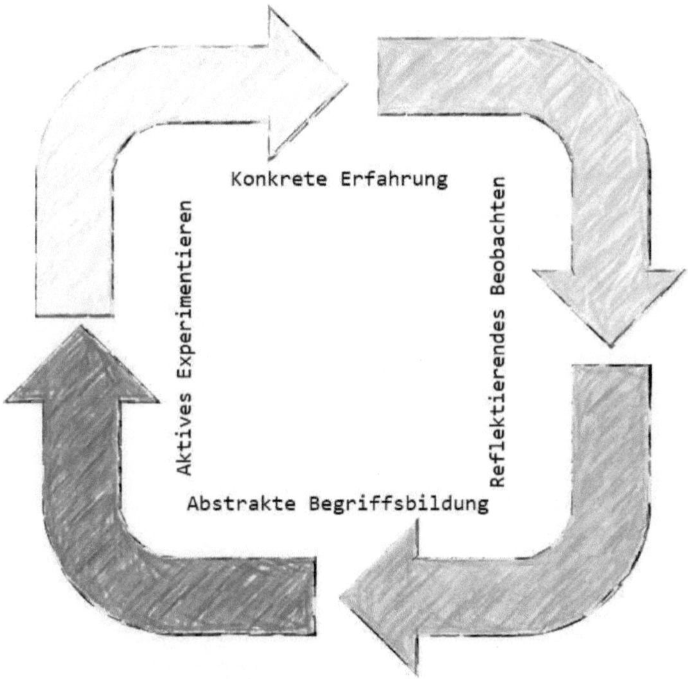

Abbildung 18: Der Lernkreis nach Kolb

In einer normalen Lernsituation muss man sich durch alle vier Lernstile bewegen. Die Frage ist eher, wie viel Zeit man an jeder Station verbringt und wo man sich am wohlsten fühlt. Der Lernkreis beginnt oft oben mit der konkreten Erfahrung, auch wenn es möglich ist, den Lernkreis an jeder Stelle zu beginnen. Dabei hat man eine neue Situation oder ein neues Problem in Erfahrung gebracht oder müsste vorhandenes Wissen oder vorhandene Erfahrungswerte neu interpretieren. Mit dieser Erfahrung geht man in die reflektierende Observation über. An dieser Station wird überlegt, was man gerade erlebt hat und insbesondere, welche Unstimmigkeiten es zwischen der konkreten Erfahrung und dem bisherigen Wissen oder den bisherigen Erfahrungswerten gibt. Basierend auf diesen Überlegungen und Reflexionen kann man neue Vorstellungen und Wissen entwickeln, welche die konkrete Erfahrung erklären könnten. Nach dieser Station hat man also ‚aus der Erfahrung gelernt.' Dieses neu erlangte Wissen kann man im Anschluss in der Praxis ausprobieren, wonach der Lernkreis wieder von vorn anfangen kann, da das Ausprobieren zu neuen konkreten Erfahrungen führen wird.

7.3. Zusammenfassung

Projektaufgaben anzugehen, weist große Ähnlichkeiten mit einer Lernsituation auf. Daher sind die vier unterschiedlichen Lernstile geeignet, um unterschiedliche Herangehensweisen und Verhalten, insbesondere am Projektanfang, zu erklären. Dabei ist es für den Projektleiter auch wichtig daran zu denken, dass Projektmitarbeiter mit unterschiedlichen Lernstilen auch am besten zu gewissen Aufgaben passen. Der Projektleiter muss auch verstehen, dass unterschiedliche Lernstile in unterschiedlichen Projektphasen wichtig sind. Am Anfang des Projektes geht es darum, zu verstehen, was man erreichen möchte. Dann ist der Entdecker angesagt. Danach muss der Projektstrukturplan erstellt und Zusammenhänge müssen erläutert werden. Dann ist der Denker an der Reihe. Bei der Risikoanalyse müssen unterschiedliche Handlungsmöglichkeiten vorhergesagt werden, und die Fähigkeiten des Entscheiders werden wichtig. Bei der Umsetzung benötigt man wiederum den Macher.

8. Projektkultur

In jedem Unternehmen entsteht aus der Mischung von Einstellungen, Werten und Normen eine Unternehmenskultur. Diese gibt vor, wie man im Unternehmen miteinander umgeht, wie man Arbeit und Tätigkeiten betrachtet und angeht sowie welches Verhalten in unterschiedlichen Situationen als angemessen und erwartet betrachtet wird. Im Rahmen der Unternehmenskultur entscheidet sich daher unter anderem, wie man mit Feedback und Kritik umgeht, wie man Besprechungen und Führung betrachtet sowie die Frage, wie man mit Fehlern umgeht (Fehlerkultur).

8.1. Definition von Kultur

Kultur ist etwas sehr komplexes, eine eindeutige Definition gibt es nicht. Häufig wird Kultur als die sozialen Normen und das soziale Verhalten innerhalb der Gesellschaft definiert und beinhaltet daher auch das kollektive Wissen, den Glauben, die Kunst, Gesetze und Gewohnheiten einer Gesellschaft.

Daher unterscheidet sich Kultur zwischen unterschiedlichen Gesellschaften und es folgt auch, dass Kultur nicht angeboren ist, sondern durch soziale Interaktionen in einer Gesellschaft erlernt und geprägt wird.

8.2. Feedback und Kritik

Wie wir später im Kapitel über Selbstentwicklung lernen werden, stellt Feedback das essenzielle Werkzeug für die persönliche Entwicklung dar. Um bessere Leistungen und bessere Ergebnisse erzielen zu können, müssen wir verstehen, wie unsere Arbeit und unsere erledigten Aufgaben beziehungsweise Tätigkeiten im Unternehmen gesehen und von anderen verstanden werden. Da wir die Gedanken anderer nicht lesen können, müssen wir deren Eindrücke durch Feedback erhalten. Feedback stellt daher die effektivste und schnellste Art und Weise dar, wie wir wichtige Informationen erhalten und unsere Zielerreichung besser gestalten können. Eine gute Feedbackkultur fördert die Mitarbeiterbeteiligung und unterstützt daher die intrinsische Motivation. Außerdem entstehen eine positive Stimmung und Atmosphäre im Unternehmen, wenn die Mitarbeiter wissen, welchen Eindruck ihr Verhalten und ihre Leistung bei den anderen Mitarbeitern und beim Führungspersonal hinterlassen. In der Folge bleiben Mitarbeiter länger im Unternehmen, wenn sie das Gefühl haben, offen über Probleme und sonstige Schwierigkeiten sprechen zu können.

Um Feedback im Unternehmen und im Projekt zu fördern, muss man aktiv an der Feedbackkultur arbeiten. Wenn Mitarbeiter das Gefühl haben, dass Feedback nicht erwünscht ist oder nicht konstruktiv gegeben wird, dann werden sie schnell aufhören, Feedback zu geben oder sich durch Feedback permanent zu verbessern. Durch eine starke Feedbackkultur kann man also die interne Kommunikation im Unternehmen fördern, da die

Mitarbeiter spüren, dass sie verstanden werden und ihre Meinung gehört wird.

Es gibt ein paar Bausteine, an denen der Projektleiter arbeiten sollte, um eine konstruktive Feedbackkultur zu fördern. Erstens ist es wichtig, ein Klima von Sicherheit und Vertrauen aufzubauen. Die meisten Mitarbeiter werden sich z. B. nicht bemühen, ein aufrichtiges und ehrliches Feedback zu geben, solange sie das Gefühl haben, dass ihre befristeten Verträge nicht mehr verlängert werden, sobald sie ihre ehrliche Meinung äußern. Um Vertrauen aufzubauen, ist es wichtig, dass man sich im Projektteam gut kennenlernt. Das erschwert die vertrauensaufbauende Arbeit in Projektsituationen, da man oft mit neuen Mitarbeitern zusammenarbeiten muss. Allerdings kann man hier aktiv daran arbeiten, dass es auch Gelegenheiten für Smalltalk gibt. Wichtig für den Projektleiter ist auch, zu zeigen, dass es in Ordnung ist darüber zu reden, welche Gefühle ein gewisses Verhalten ausgelöst hat. Wir können kein vollständiges Feedback erwarten, solange wir den Teil ausschließen, welche Auswirkung unser Verhalten oder unsere Arbeit auf die andere Person hinterlassen hat.

Des Weiteren ist es auch wichtig zu bedenken, dass es eine Balance zwischen positivem und negativem Feedback gibt. Viele verstehen unter Feedback und Kritik nur, dass man die Teile anspricht, bei denen man Verbesserungsbedarf sieht oder bei welchen man mit der Leistung oder dem Verhalten nicht zufrieden ist. Der Projektleiter muss also darauf einwirken, dass auch positives Feedback gegeben wird, wenn die Leistung oder das Verhalten zufriedenstellend waren. Um sich selbst weiterzuentwickeln ist es wichtig, nicht nur zu erfahren, welche Teile nicht so gut bei den anderen ankommen sondern auch, zu erfahren, welche Teile tatsächlich von den anderen geschätzt werden. Beim positiven Feedback oder Kritik sollte man daran denken, dass positives Feedback an sich ausreichend ist. Man darf nur positives Feedback geben. Wer immer positives Feedback nutzt, um die Wirkung von negativem Feedback abzumildern, wird bald durchschaut. Dann wartet die Person, welche Feedback erhalten soll während des Feedbackgesprächs nur darauf, dass das negative Feedback kommt. Dem positiven Feedback wird deshalb wenig Beachtung geschenkt. Beim positiven Feedback ist es auch wichtig, daran zu denken, dass man die Anstrengung und Bemühung mehr lobt als die Fähigkeiten. Die meisten Personen wissen bereits, welche Fähigkeiten sie besitzen. Diese muss man ihnen daher nicht immer wieder vor Augen führen. Man sollte eher anerkennen, dass die Person immer ihr Bestes gibt, um das gemeinsame Ziel zu erreichen.

Man sollte als Projektleiter auch darauf hinarbeiten, dass Feedback Teil des Arbeitsalltags und der Alltagsroutine wird. Es gibt keine besonderen Momente für Feedback . Es sollte immer möglich sein, Feedback zu geben. Dabei sollte man die Projektmitarbeiter immer wieder darauf aufmerksam machen, dass sie den Projektleiter jederzeit um Feedback bitten können.

In diesem Kontext kann es nicht nur gelegentlich oder periodisch Feedback geben, das Feedback muss ständig und kontinuierlich präsent sein. Dabei kann man auch den Ehrgeiz nach Selbstentwicklung fördern sowie das Streben nach Verbesserung. Projektmitarbeiter, die daran gewöhnt sind, sich immer verbessern zu wollen, neigen eher dazu, Feedback zu geben und Feedback aktiv einzufordern. Am wichtigsten bleibt aber, unbedingt selbst bereit zu sein, Feedback zu geben und aktiv danach zu fragen, wenn man eine gute und konstruktive Feedbackkultur fördern möchte. Es spielt selten eine Rolle, wie oft der Projektleiter Feedback anspricht. Solange er nicht selbst bereit ist, die Feedbackkultur zu leben, kann er auch nicht erwarten, dass die Projektmitarbeiter folgen werden.

Als Nebeneffekt fördert eine aktive Feedbackkultur auch die Agilität eines Unternehmens. Das liegt daran, dass Feedback mit einem ständigen und kontinuierlichen Entwicklungsprozesse einhergeht. Wer sich daran gewöhnt hat, sich selbst aktiv zu verbessern und zu verändern, wird auch keine Schwierigkeiten damit haben, die Arbeit anzupassen, wenn sich die Voraussetzungen der Umgebung verändert haben. Im Kapitel 10 über Selbstentwicklung wird näher darauf eingegangen, wie man Feedback formuliert und empfängt.

8.3. Fehlerkultur

Jeder macht früher oder später einen Fehler. Die Frage ist also nicht, ob ein Fehler passiert, sondern wann und mit welchen Auswirkungen. Eine gute und konstruktive Fehlerkultur reduziert nicht unbedingt die Anzahl an Fehlern, sie kann aber dazu beitragen, dass Fehler früher und offener besprochen werden. Dadurch können die Auswirkungen von Fehlern verringert werden und Mitarbeiter schneller wichtige Erfahrungswerte sammeln. Je schneller ein Fehler angegangen werden kann, desto schneller kann man sich mit den Auswirkungen beschäftigen.

Eine konstruktive Fehlerkultur beginnt damit, dass Fehler nicht sofort zu Anschuldigungen führen und der Suche danach, wer den Fehler verursacht hat. Stattdessen fokussiert sie sich darauf, dass man gemeinsam versucht, die Auswirkungen des Fehlers anzugehen. Erst danach beginnt man mit der Analyse, wie der Fehler passieren konnte und wie man sicherstellen kann, dass sich dies nicht wiederholt. Die Grundlage dafür sind Vorgesetzte, welche Fehler als Fortbildungs- oder Coachingmöglichkeit sehen und nicht in erster Linie als Grundlage für disziplinarische Maßnahmen. Vorgesetzte oder Projektleiter müssen darauf einwirken, dass es in Ordnung ist, Fehler zu machen und daraus zu lernen. Fehler machen zwar keinen Spaß, und es kann viel Aufwand verursachen, sich mit den Auswirkungen zu beschäftigen. Projektleiter sollten sich aber bemühen, diesen Prozess in den Unternehmensalltag zu integrieren.

Das Albtraumszenario für jeden Projektleiter ist es, wenn Fehler vertuscht und erst sehr spät durch Zufall entdeckt werden. Das kann zu erheblichen Auswirkungen führen, weil gegebenenfalls mehrere abhängige Arbeitspakete wiederholt werden müssen, was wiederum mit Zeitverlusten und zusätzlichen Kosten verbunden ist. Auch wenn es den Projektleiter Überwindung kosten könnte, ist es daher sehr wichtig, nicht mit Ärger oder Irritation zu reagieren, wenn Projektmitarbeiter Fehler bekannt geben. Eher sollte der Mut, Fehler offen anzusprechen, belohnt werden. Das initiale Gespräch sollte sich darauf konzentrieren, wie man gemeinsam die Auswirkungen des Fehlers angehen könnte. Erst im Anschluss daran kann man sich auf eine konstruktive Art und Weise darauf konzentrieren, wie es zu dem Fehler kommen konnte und ob man durch andere Organisationsformen, bessere Kommunikation oder Fortbildung das Risiko für weitere Fehler in Zukunft verringern könnte. Unnötige Wiederholungen von bekannten Fehlern sollten auch in einer konstruktiven Fehlerkultur nicht geduldet werden.

Um zu vermeiden, dass der gleiche Fehler zweimal passiert, reicht es nicht aus, die Fehler offen anzusprechen und sich mit den Auswirkungen auseinanderzusetzen. Man muss die Fehlerkultur mit einer Lernkultur verknüpfen, sodass die Projektmitarbeiter versuchen, sich selbst weiterzuentwickeln, indem sie aus Fehlern lernen und Erfahrungswerte sammeln. Die Voraussetzungen für Unternehmen verändern sich in der modernen Zeit sehr schnell. Eine ständige Entwicklung ist zur Grundvoraussetzung für Unternehmen geworden, um langfristig erfolgreich zu sein. Teilweise liegt das an zunehmend gesättigten Märkte und einem erleichterten Wechsel zur Konkurrenz für den Endkonsumenten, da viele Waren und Dienstleistungen einfach online verglichen werden können. Dabei ist es oftmals nicht ausreichend, mit nur wenigen Produkten innovativ zu sein. Stattdessen ist es notwendig geworden, in allen Bereichen und Abteilungen eines Unternehmens innovativ zu agieren. Daher ist es erstrebenswert, eine Lernkultur im Unternehmen und im Projekt zu etablieren und zu fördern. Es reicht also nicht aus, eine Entwicklungsabteilung oder Innovationsabteilung zu haben. Lernen sollte einen natürlichen Bestandteil der täglichen Arbeit für alle Mitarbeiter darstellen (siehe Kapitel über Projekte und Lernstile: 7) .

Grundsätzlich besteht eine aktive Lernkultur daraus, dass man Veränderungen akzeptiert sowie sich permanent neues Wissen aneignet, um dieses in den Unternehmensprozessen zu integrieren. Daraus erhofft man sich eine Erhöhung der Wettbewerbsfähigkeit des Unternehmens, indem die vertriebenen Waren und Dienstleistungen besser und schneller an die Bedürfnisse der Kunden angepasst werden.

Viele Menschen reagieren mit Neugier wenn sie entdecken, dass ihnen ein gewisses Wissen fehlt oder dass sie etwas nicht verstehen. Feedback funktioniert daher in diesem Zusammenhang als ein Trigger, diese Neugier zu wecken und dadurch Lernen und

Selbstentwicklung zu fördern. Ein Projektleiter kann sich für die Etablierung der Lernkultur selbst bemühen, sich weiterzubilden, und dadurch ein stetiges Lernen im Unternehmen und im Team vorleben. Eine andere Art und Weise zur Förderung des Lernens besteht darin, ein Unternehmens- oder Projektwiki zu pflegen. Wenn neue Erkenntnisse regelmäßig in das Wiki eingetragen werden und die Projektmitarbeiter sich daran gewöhnen, zuerst im Wiki nach Informationen zu suchen, entsteht dadurch automatisch eine Art Lernkultur. Das Wiki hat auch den Vorteil, dass es leichter in den Arbeitsalltag integriert werden kann als gemeinsame Lernveranstaltungen, für welche die Projektmitarbeiter Termine im Kalender reservieren müssten. Ein Projektwiki fördert das selbstständige Lernen und kann den Terminplänen der jeweiligen Mitarbeiter angepasst werden. Im Wiki können die Materialien und Informationen auch beliebig oft wiederholt werden und sind immer dann zugänglich, wenn sie benötigt werden. Außerdem muss die Person, welche die Informationen ins Wiki einträgt, sich darum bemühen, dass dieses erklärend und informativ wird. Durch diesen Prozess festigt sich die Information auch bei der Person, die den Eintrag erledigt. Außerdem kann durch ein solches Wiki leicht Wissen gesichert werden, das durch Mitarbeiterwechsel oftmals verloren geht. Für ein Unternehmenswiki gibt es unterschiedliche technische Möglichkeiten, zum Beispiel die kostenlose Lösung von XWiki.

8.4. Besprechungskultur

Kultur in einem Unternehmen oder einem Projekt beginnt grundsätzlich im obersten Management oder bei der Projektleitung, welche die Grundlage für die Projektkultur etablieren. Damit die Kultur nicht nur auf dem Papier existiert, muss sie auch von den Projektmitarbeitern gelebt werden und auf dieser Ebene ankommen. Um diesen Zustand zu erhalten, reicht es nicht aus, wenn man nur einmal während der Hauptversammlung einen Hinweis zur Wichtigkeit der Projektkultur ausspricht. Kultur zu vermitteln, funktioniert nur während regelmäßiger Besprechungen, Gespräche und Dialoge. Grundsätzlich bietet es sich in jeder Besprechung oder Sitzung an, Teile aus der (gewünschten) Projektkultur einzubauen. Um die Projektkultur erfolgreich zu kommunizieren, verwendet man oft die 10 Cs (die Buchstaben kommen von den Anfangsbuchstaben der englischen Bezeichnungen):

- Kernwerte (Core Values): Wo, wie und wie häufig werden sie kommuniziert?
- Kennenlernen (Camaraderie): Wie gut kennen die Projektmitarbeiter einander?
- Wertschätzung (Celebrations): Werden die Mitarbeiter für ihre Leistungen geschätzt? Erhalten sie positives Feedback?
- Gesellschaft (Community): Ist die Unternehmenskultur in der Gesellschaft verankert?
- Kommunikation (Communication): Wie oft finden Besprechungen statt? Wie finden

Besprechungen statt? Wie offen können Anliegen, Probleme und Fehler angesprochen werden?

- Fürsorge (Caring): Interessiert sich der Projektleiter für die Projektmitarbeiter?
- Lernen (Commitment to learning): Werden Bestrebungen, sich zu entwickeln und sich neues Wissen anzueignen, geschätzt?
- Ausdauer (Consistency): Kultur muss dauerhaft gelebt werden, auch auf Management- und Vorgesetztenebene. Einmalige Hinweise des Vorgesetzten oder widersprüchliches Verhalten eines Vorgesetzten kommen nicht gut an beim Aufbau einer Projektkultur.
- Verknüpfung (Connect): Vorgesetzte, die sich von den Mitarbeitern isolieren, werden es schwer haben, eine Projektkultur aufzubauen.
- Geschichte (Chronicles): Wieso hat man sich für diese Kultur und diese Werte entschieden? Wie lassen sich die Werte aus der Unternehmensgeschichte erklären?

8.5. Kulturschock: Internationale Projektteams

Kulturschock ist das Erlebnis einer Person, welche sich in eine neue kulturelle Umgebung begibt, die sich von der eigenen gewohnten kulturellen Umgebung drastisch unterscheidet. Dabei besteht ein Kulturschock grundsätzlich aus vier Phasen: Honeymoonphase, Krise, Erholung und Anpassung.

Wer zuerst in einer neuen Umgebung eintrifft, ist oftmals von der neuen Umgebung begeistert. Alles fühlt sich spannend und aufregend an. Die meisten Personen kennen dieses Gefühl während des Urlaubs im Ausland. Man mag das Essen, die neuen Menschen, die unterschiedlichen Angewohnheiten und die neuen Erlebnisse. Im Urlaub bleibt man meistens nur so lange, dass diese Phase die ganze Zeit über anhält. Anders sieht es allerdings aus, wenn man aus beruflichen Gründen längerfristig in ein anderes Land ziehen muss oder wenn man als Projektleiter oder Projektmitarbeiter an einem langen Projekt beteiligt und das Projektteam über mehrere Länder verteilt ist.

Dann kann es passieren, dass man in die erste richtige Phase eines Kulturschocks gerät, die Krise. Während dieser Phase beginnt man zu merken, dass einige Sachen oder Gewohnheiten der neuen Kultur einem doch nicht so gut gefallen. Einiges versteht man nicht, anderes irritiert. Entweder liegt es daran, dass man etwas als nicht logisches oder nicht rationales Verhalten betrachtet, oder es liegt daran, dass man es bisher einfach anders gewohnt war. Diese Phase kann unterschiedliche Auswirkungen auf die betroffene Person haben, die von Frust und Irritation bis zu Schlaflosigkeit und Heimweh variieren. Wer in dieser Phase nicht aufgibt, sondern weiterhin an dem neuen Ort und im internationalen Projektteam bleibt, kann nach einiger Zeit anfangen, sich in die nächste Phase zu begeben.

Während der dritten Phase beginnt die schrittweise Erholung. Diese Erholung besteht aus einer stufenweisen Gewöhnung an die neue Kultur und die neuen Gegebenheiten. Die Zeit, die für diese Phase benötigt wird, variiert je nach Person stark und erstreckt sich von wenigen Tagen bis hin zu Monaten oder sogar Jahren. Manche bleiben dauerhaft in dieser Phase. Im Normalfall geht man aber wenigstens in Teilen in die nächste Phase über.

Wenn man die neuen Begebenheiten und Gewohnheiten akzeptiert und angenommen hat, tritt man in die vierte Phase über, die Phase der Anpassung. In dieser Phase entwickelt sich ein Zugehörigkeitsgefühl und Verständnis für die neue kulturelle Umgebung. Es kann zwar sein, dass man nicht die gleiche Aufregung und Begeisterung wie in der ersten Phase verspürt, aber man hat sich mit der Umgebung zumindest arrangiert.

Aufgrund der Globalisierung und den verbesserten Informations- und Kommunikationstechnologien gehört es heute zum Alltag für viele Projektleiter, mit Projektteams zu arbeiten, die sich über mehrere internationale Standorte verteilen. Auch wenn das Projektteam an einem Standort angesiedelt ist, gehört es in vielen Unternehmen zum Alltag, Mitarbeiter aus dem Ausland zu beschäftigen. Daher ist es nicht ungewöhnlich, dass in einem Projektteam mehrere unterschiedliche Kulturen aufeinanderstoßen. Und wo unterschiedliche Kulturen aufeinandertreffen, kann es wie oben beschrieben zu Schwierigkeiten kommen. Um diesen zu begegnen, sollte der Projektleiter als erstes anerkennen, dass es kulturelle Unterschiede gibt und identifizieren, um welche Kulturen es sich handelt, um diese recherchieren zu können. Am besten erfährt man natürlich vor Ort, wie andere Menschen aus anderen Kulturen arbeiten. Da dies oft nicht möglich ist, muss man sich mit einer Schreibtischrecherche zufrieden stellen.

Es gibt auch praktische Schwierigkeiten mit internationalen Projektteams, wie z. B. unterschiedliche Zeitzonen. Wenn das Projektteam die ganze Nacht durchgearbeitet hat, um an Telefonkonferenzen mit Projektteams auf der anderen Seite der Welt teilzunehmen, wäre Verständnis des Projektleiters für die danach auftretende Müdigkeit, Konzentrationslosigkeit oder einen frühen Feierabend angemessen. Außerdem muss man akzeptieren, dass in internationalen Projektteams Teambuilding, Kommunikation und Reisen mehr Zeit und Geld kosten als in regionalen Projektteams.

Hervorragende Kommunikationsfähigkeiten sind besonders wichtig für Projektleiter, welche mit internationalen Projektteams arbeiten. Es ist immer wichtig, im Gespräch und mit Feedback zu klären, ob man alles richtig verstanden hat. Der Projektleiter sollte daran denken, viel zuzuhören sowie nach unausgesprochenen Sorgen zu suchen. Außerdem können Kommunikationsschwierigkeiten entstehen, wenn Menschen nicht in ihrer jeweiligen Muttersprache kommunizieren, oder es passieren kritische

Übersetzungsfehler, wenn Texte und Informationen durch unterschiedliche Menschen übersetzt werden.

8.6. Zusammenfassung

Die Kultur im Unternehmen und im Projekt ist wichtig, da sie die Grundlage für eine gute und konstruktive Zusammenarbeit sowie eine zielführende Kommunikation legt. Projektmitarbeiter, die in einer offenen und konstruktiven Kultur arbeiten, neigen dazu, motivierter und leistungsfähiger zu werden. Allerdings kann der Projektleiter nicht allein an der Unternehmenskultur arbeiten. Die Gestaltung und Beeinflussung der Unternehmenskultur ist in erster Linie Aufgabe des obersten Managements. Der Projektleiter könnte jedoch davon profitieren, kulturelle Entscheidungen zu beeinflussen und in den Alltag des Projektteams zu integrieren.

9. Leadership für Projektleiter

Ein Leader kann ein Leader sein, weil er durch formale Befugnisse und Rollen als Chef einer Organisation eingeordnet wurde. Er kann aber auch jemand sein, der sich spontan als Leader einer Gruppe darstellt, weil er sich vor die Gruppe stellt und selbst wählt, die Verantwortung für die Führung der Gruppe zu übernehmen. Der erste ist ein Leader, weil er Macht erhalten hat, andere zu beeinflussen. Der andere ist ein Leader, weil er Verantwortung übernommen hat. Ein Projektleiter ist typischerweise ein Leader, welchem Verantwortung übertragen wurde, meistens jedoch ohne entsprechende Machtbefugnisse. Wieso diese Konstellation für Projektleiter so häufig ist, wird in den nächsten Abschnitten erläutert.

9.1. Verantwortung ohne Autorität

Verantwortung kommt grundsätzlich mit jeder Stelle in einem Unternehmen. Einem Mitarbeiter werden Aufgaben und Tätigkeiten übertragen, und mit dieser Übertragung kommt die Verantwortung, diese Aufgaben nach den Vorgaben des Unternehmens zu erledigen. Unter Verantwortung in einem unternehmerischen Kontext kann man verstehen, welche Fähigkeiten und Kenntnisse der Mitarbeiter einsetzen muss, um seine Aufgaben und Tätigkeiten zufriedenstellend zu erledigen.

Autorität kommt aber nicht automatisch mit jeder Stelle. Mit Autorität in einem Unternehmen ist die

Berechtigung gemeint, dass man Entscheidungen treffen darf. Nicht alle Mitarbeiter in einem Unternehmen haben die Berechtigung erhalten, Entscheidungen über die Gestaltung der Arbeit, Aufgaben und Tätigkeiten zu treffen.

Grundsätzlich gilt, dass Verantwortung automatisch mit jeder Stellenbeschreibung oder Tätigkeitsbeschreibung entsteht. Autorität muss jedoch aktiv an jemanden übertragen werden. Dieser Unterschied kann sehr schnell zu dem sogenannten NAG (No Authority Gauntlet)-Syndrom in einem Unternehmen führen, indem die Unternehmensführung immer wieder ‚Pseudo-Manager' einführt. Das passiert z. B., wenn jemand mit Aufgaben eines Vorgesetzen beauftragt wird, ohne Vorgesetzter zu werden. Auch wenn diese Mitarbeiter sich initial oft darüber freuen, mehr Verantwortung erhalten zu haben, wandeln sich diese Gefühle häufig schnell in Frust um, da sie keine Entscheidungskompetenz erhalten haben, um tatsächlich die notwendigen Veränderungen zu bewirken.

Da Projektleiter ihre Projekte oft über mehrere Abteilungen hinaus betreiben, erkennen sie sich regelmäßig in dieser Situation wieder, da ihnen viel Verantwortung übertragen worden ist, ohne Autorität in den mitwirkenden Abteilungen erhalten zu haben. Welche Auswirkungen diese Situation haben und wie damit umgegangen werden kann, wird in den nächsten Abschnitten besprochen.

9.1.1. Macht & Autorität

Ein Leader zu sein bedeutet, dass man andere Menschen wie Kollegen oder Mitarbeiter beeinflusst, um diesen eine für das Unternehmen (oder sich selbst) richtige Richtung zu zeigen. Damit sollen die Ziele des Leaders oder des Unternehmens erreicht werden. Um andere Menschen beeinflussen sowie Änderungen im Unternehmen anstoßen zu können, muss man eine gewisse Macht besitzen. Das Wort Macht hat einen negativen Klang, da es in erster Linie mit der autoritären und repressiven Macht von Diktatoren assoziiert wird. Das Wort Macht wird aber, wenn es um Leadership geht, eher als ‚Die Möglichkeit, jemanden zu beeinflussen, sich zu verändern' definiert. Das heißt, es gibt viele unterschiedliche Arten von Macht, die nicht unbedingt eine autoritäre oder formale Macht darstellen müssen. In diesem Abschnitt wird auf sechs unterschiedliche Arten von Macht eingegangen.

Bestrafungsmacht

Diese Art von Macht ist das, was traditionell mit dem Wort Macht verknüpft wird. Ein Leader, der andere mit der Androhung von Konsequenzen führt und dabei eine Wenn-Nicht-Sprache verwendet oder lediglich Drohungen oder Mobbing einsetzt, um seinen Willen durchzusetzen. Diese Art von Leader macht sich eine Bestrafungsmacht zunutze. Es ist auch diese Art von Macht, die von autoritären Regimen (aber auch von demokratischen Rechtsstaaten) verwendet wird, um Gesetze und Regularien durchzusetzen. Diese Art von

Machtausübung führt selten zu einer großen Motivation der Mitarbeiter.

Belohnungsmacht

Belohnungsmacht funktioniert so, dass man jemanden beeinflussen kann, indem man Belohnungen für das gewünschte Verhalten in Aussicht stellt. Belohnungsmacht funktioniert nur, wenn die zu beeinflussende Person sich auch für die Belohnung interessiert. Der Machteinfluss kann sich also je nach betroffener Person und Situation sehr unterschiedlich gestalten. Die Belohnungsmacht funktioniert besser, wenn Belohnungen entweder wertvoll oder selten sind. Belohnungsmacht lässt sich jedoch schnell verwässern, indem Belohnungen als Standard verstanden oder nicht gewertschätzt werden. Belohnungsmacht wird sehr häufig in Unternehmen verwendet, ist aber eher ungeeignet, um langfristig zufriedene und motivierte Mitarbeiter zu gewinnen.

Legitime Macht

Mit legitimer Macht ist traditionell eine Autorität gemeint. Legitime Macht gibt es grundsätzlich in allen Organisationen und Unternehmen. Es handelt sich um die Art von Macht, die mit einer Rolle oder Position verbunden ist, wie z. B. ein Abteilungsleiter, der sowohl fachlich als auch disziplinarisch als Vorgesetzter der Abteilung fungiert. Legitime Macht funktioniert so, dass die Rollenverteilung und Verantwortung eindeutig geregelt ist, damit immer jemand dafür zuständig ist, notwendige Entscheidungen zu treffen. Legitime Macht an sich ist sehr schwach, wird aber grundsätzlich sowohl mit Bestrafungsmacht (z. B. Abmahnungen) als auch mit Belohnungsmacht (z. B. Bonuszahlungen) kombiniert. Projektleiter, welche in einer Matrixorganisation arbeiten, besitzen selten legitime Macht. Mehr dazu im nächsten Abschnitt.

Expertenmacht

Mit Expertenmacht ist die Einflussnahme durch tiefgehende Fachkenntnisse gemeint. In dem Moment, in dem wir diese Kenntnisse benötigen, entsteht die Expertenmacht, da wir gezwungen sind, uns nach den Meinungen der Experten zu richten. Aufgrund ihrer Fachkenntnisse haben sie es oft leichter, das Vertrauen und den Respekt von anderen Kollegen zu gewinnen.

Vorbildmacht

Mit Vorbildmacht ist die Macht durch Respekt oder Persönlichkeit gemeint. Vorbildmacht wird erreicht, wenn jemand durch seine eigene Persönlichkeit andere beeinflussen kann. Ein Beispiel ist der Lehrer, dem die Klasse aufmerksam zuhört, weil er zu den beliebteren Lehrern gehört. Mit Vorbildmacht wird auch die Fähigkeit gemeint, andere durch die eigene Persönlichkeit zu attrahieren und Loyalität aufzubauen.

Informationsmacht

In der digitalisierten Welt werden Informationen wichtiger und nehmen schnell an Bedeutung zu. Das heißt, wer gewisse Informationen besitzt und weiß, wie diese zu verwalten sind, kann auch dadurch Macht erzielen. Ein Beispiel ist ein Mitarbeiter, der es bewusst unterlässt, wichtige Informationen zu dokumentieren, um sich unentbehrlich zu machen. Informationsmacht kann auch leicht missbraucht werden, um anderen Fakten vorzuenthalten. Informationsmacht hängt eng mit Expertenmacht zusammen.

9.1.2. Verantwortung

Verantwortung wird häufig dadurch definiert, dass man mögliche Konsequenzen, Ergebnisse und sonstige Folgen einer Handlung akzeptiert und für diese einsteht. Verantwortung kann freiwillig entstehen, indem man sich für unterschiedliche Aufgaben oder andere Menschen zuständig fühlt. Sie kann aber auch auferlegt werden, z. B. durch Gesetzte und Vorgesetzte. Dabei kann Verantwortung sowohl Einzelpersonen als auch Gruppen betreffen. Wenn wir über Verantwortung in Zusammenhang mit Projekten sprechen, ist grundsätzlich Verantwortung gemeint, die dem Projektleiter, dem Projektteam oder einzelnen Mitgliedern übertragen wurde.

In Bezug auf Leadership geht es bei der Verantwortung häufig darum, tragbare und nachvollziehbare Entscheidungen für alle Stakeholder zu treffen. Mit Stakeholdern sind in diesem Zusammenhang hauptsächlich die Geschäftsführung, das Projektteam, die Mitarbeiter, Aktionäre, Kunden, Lieferanten, die Umwelt und die Gesellschaft gemeint.

Verantwortungsvolles Leadership hängt eng mit ethischen und moralischen Entscheidungen zusammen, auch im Hinblick auf die Gesamtgesellschaft und kommende Generationen.

Allerdings ist verantwortungsvolles Leadership nicht so einfach, wenn man versucht, allen (ethischen) Anforderungen nachzukommen. In der Praxis müssen sich Leader mit unterschiedlichen, teils widersprüchlichen, Anforderungen auseinandersetzen und dazu eine tragbare und nachvollziehbare Entscheidung treffen. Verantwortungsvolles Leadership hängt eng damit zusammen, dass man sich übergreifende und längerfristige Fragen stellt, wie z. B. ob das Unternehmen und deren Tätigkeiten nachhaltig sind, oder ob die Mitarbeiter zufrieden und motiviert sind. Man muss als verantwortungsvoller Leader auch überprüfen, ob die Tätigkeiten des eigenen Unternehmens und dessen Subunternehmen nachhaltig sind.

Um ein verantwortungsvoller Leader zu werden, benötigt man also ein paar unterschiedliche Eigenschaften, unter anderem Integrität, Ehrlichkeit und nachhaltiges Denken.

9.1.3. Betriebliche Organisationsformen

Jedes Unternehmen ab einer gewissen Größe braucht eine Organisation. Der Bedarf an Organisation und die faktische Gestaltung der betrieblichen Organisation kann im konkreten Einzelfall sehr unterschiedliche Ausprägungen annehmen. In diesem Abschnitt wird auf drei unterschiedliche Organisationsformen eingegangen, die alle unterschiedliche

Voraussetzungen und Auswirkungen auf die Arbeit eines Projektleiters haben.

Aufbauorganisation

Die Aufbauorganisation wird auch Linienorganisation genannt. In einer Aufbauorganisation wird die hierarchische Struktur eines Unternehmens festgehalten und beschreibt, wie die legitime Macht in einem Unternehmen verteilt ist. Grundsätzlich werden in der Aufbauorganisation die vertikalen Entscheidungsbefugnisse und der Informationsfluss in einem Organigramm dargestellt. Die Linien in einem Organigramm werden häufig als der Dienstweg bezeichnet. Die Anzahl der Ebenen einer Aufbauorganisation entspricht der Gliederungstiefe, die Anzahl der einem Vorgesetzten unterstellten Mitarbeiter wird als die Leistungsspanne bezeichnet.

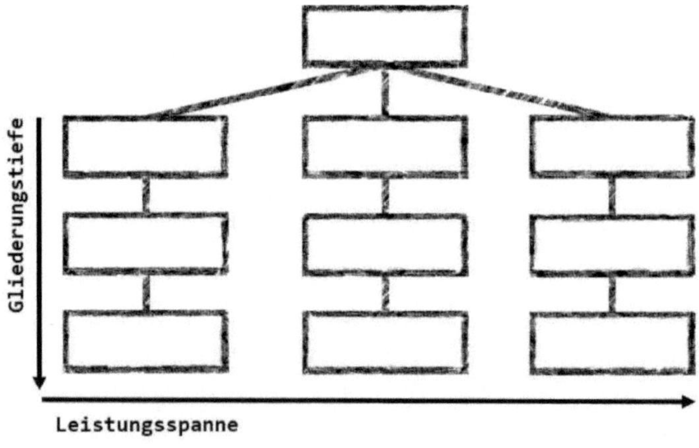

Abbildung 19: Aufbauorganisation

Vorteile einer Aufbauorganisation sind unter anderem eine einfache und deutliche Zuordnung der Stellenbeschreibungen, der Verantwortungsbereiche und der Entscheidungskompetenzen. Eine Aufbauorganisation erlaubt grundsätzlich eine schnelle Entscheidungsfindung sowie eine klare Struktur, um disziplinarische Problemstellungen anzugehen.

Nachteile einer Aufbauorganisation sind unter anderem, dass Vorgesetzte normalerweise alle Tätigkeiten der Personalführung in der eigenen Abteilung übernehmen müssen. Dazu gehören beispielsweise Einstellungsverfahren, Mitarbeitergespräche, Zeitplanung und so weiter. Daher müssen alle Vorgesetzten im Unternehmen breite Kenntnisse im Bereich Personal mitbringen. Des Weiteren sind Aufbauorganisationen grundsätzlich sehr träge und passen sich nur mühsam und langsam an äußere Veränderungen wie Krisen oder neue Gesetze, die eine Neugestaltung der Organisation mit sich führen, an. Die Vorteile der schnellen und vordefinierten Entscheidungswege funktionieren nur im Rahmen des Alltagsgeschäftes, aber nicht, wenn eine neue Organisationsstruktur etabliert werden muss. Eine Aufbauorganisation führt auch zu einer deutlichen Zentralisierung der Macht und der Entscheidungsfindung, was zu einer Reduzierung der Mitarbeitermotivation und Mitarbeiterbeteiligung führen kann. Da Probleme und Konflikte entlang der Dienstwege nach oben eskaliert werden, besteht das Risiko eines sogenannten ‚Schornsteineffektes', bei welchem Vorgesetzte mit der Entscheidungsfindung und Konfliktlösung nicht nachkommen. So kommt es bei Abwesenheit eines Vorgesetzten aufgrund von Urlaub oder Elternzeit leicht zu einer Beeinträchtigung der Entscheidungsfindung und zu einem Erstarren des Unternehmens.

Auch in einer Aufbauorganisation besteht Bedarf nach horizontaler Kommunikation und Prozessabläufen. Die entsprechende Prozess-Landkarte, welche diese horizontalen Prozesse darstellt, wird Ablauforganisation genannt.

Matrixorganisation

Eine Matrixorganisation ist eine Organisationsform, in welcher ein Mitarbeiter an mehrere Vorgesetzte berichtet. Dabei ist häufig die Konstellation anzutreffen, bei der ein Mitarbeiter fachlich an einen Vorgesetzten berichtet und disziplinarisch einem anderen Vorgesetzten zugeordnet ist. Viele Unternehmen, die keiner strikten, vertikalen Darstellung der Entscheidungsbefugnisse nachkommen wollen, haben eine Art Matrixorganisation eingeführt. In projektintensiven Unternehmen ist diese Organisationform häufig anzutreffen, da die Organisationseinheiten mit den Ressourcen (Abteilungen) durch eine traditionelle Aufbauorganisation organisiert sind. Der Abteilungsleiter ist dabei der disziplinarische Vorgesetzte der Mitarbeiter in der Abteilung. Die Projektleiter sind aber auf Organisationsseite eingeordnet und leiten Projekte, an welchen sich mehrere Mitarbeiter aus unterschiedlichen Abteilungen beteiligen. Der Projektleiter wird daher fachlicher Vorgesetzter der betroffenen Mitarbeiter.

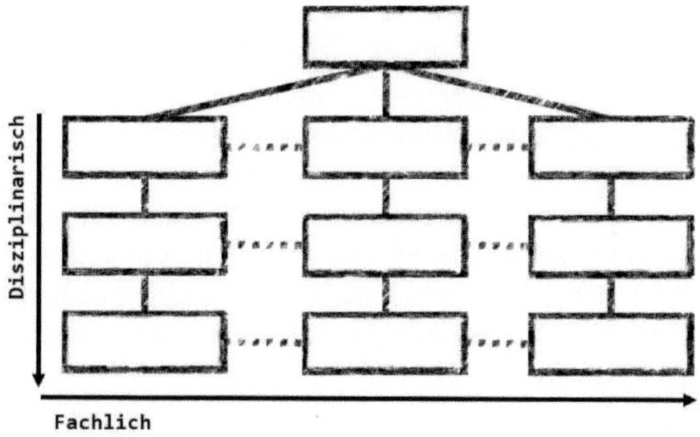

Abbildung 20: Matrixorganisation

Vorteile einer Matrixorganisation bestehen unter anderem darin, dass sich Projektziele und Projektaufgaben in die Abteilungen integrieren lassen. Dabei können Strukturen flexibel gestaltet werden, da Ressourcen schnell neu zuzuordnen sind. Außerdem fließen Informationen einfacher durch die Projekte, weil die Kommunikation nicht entlang der festgelegten Dienstwege erfolgen muss. Da Mitarbeiter einfach dem Projektteam zugeordnet werden können, können sie oft dem Projekt für die gesamte Projektdauer zugeordnet bleiben und von ihren anderen Tätigkeiten für die Projektarbeit freigestellt werden. Nachdem das Projekt abgeschlossen worden ist, können die Mitarbeiter schnell und einfach wieder ihren Abteilungen zugeordnet werden. Der kurze Kommunikationsweg zu dem fachlichen Vorgesetzten erleichtert die Mitarbeiterbeteiligung und begünstigt die Mitarbeiterzufriedenheit und die Motivation.

Es gibt auch Nachteile einer Matrixorganisation. Mehrere Vorgesetzte können leicht zu widersprüchlichen Anforderungen führen, wenn der Mitarbeiter nicht beiden gerecht werden kann mit der Folge, dass der Mitarbeiter sich in der Mitte gefangen fühlt und frustriert wird. Bei mehreren Vorgesetzten erhöht sich auch die Gefahr, dass ein Mitarbeiter die Situation mit mehreren Vorgesetzten für sich ausnutzt, indem er sie gegeneinander ausspielt, um selbst Vorteile zu erlangen. Des Weiteren steigt die organisatorische Komplexität insbesondere in Großunternehmen, da die Verhältnisse und Beziehungen sich schnell ändern können und diese nur schlecht in Organigrammen festgehalten und kommuniziert werden. Außerdem besteht ein hoher Bedarf an einer guten und konstruktiven Zusammenarbeit zwischen den unterschiedlichen Vorgesetzten. Konflikte auf Vorgesetztenebene in einer Matrixorganisation können je nach Ebene schnell größere Auswirkungen auf das Gesamtunternehmen haben. Dies kann z. B. passieren, wenn die Prioritäten aus der Geschäftsleitung nicht von allen Vorgesetzten geteilt werden. Außerdem kann es zu Verzögerungen in der Entscheidungsfindung kommen, wenn mehrere Vorgesetzte betroffen sind und involviert werden müssen. Insgesamt können daher höhere Kosten für das Management in einer Matrixorganisation erwartet werden.

Projektorganisation

Es besteht auch die Möglichkeit für die Geschäftsführung, ganz auf eine hierarchische Organisation – sei es als Aufbauorganisation oder Matrixorganisation – zu verzichten und stattdessen rund um jedes Projekt eine eigenständige Organisationsstruktur aufzubauen. Das heißt, für jedes Projekt wird ein Projektleiter benannt. Diesem werden eigene Projektmitarbeiter zugeteilt, für die er während der gesamten Projektlaufzeit die Rolle des fachlichen sowie disziplinarischen Vorgesetzten übernimmt.

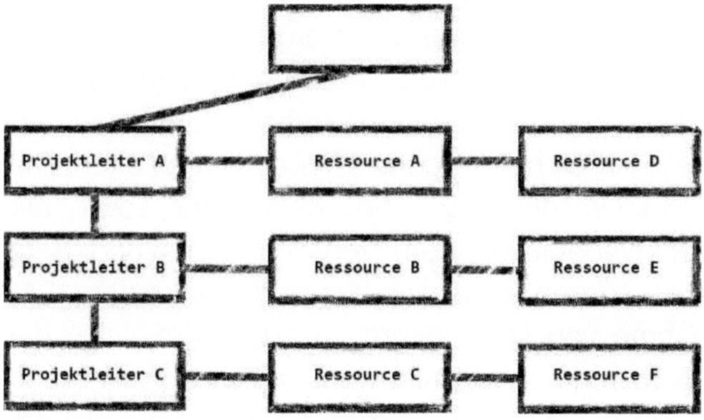

Abbildung 21: Projektorganisation

Der Vorteil der Projektorganisation ist die starke Verknüpfung mit dem Projekt. Die Projektmitarbeiter nehmen keine anderen Tätigkeiten für die Projektlaufzeit wahr und berichten an keinen anderen

Vorgesetzten als den Projektleiter. Der Projektleiter hat nicht nur die Verantwortung für die Tätigkeiten im Projekt, er besitzt auch die vollen formalen Entscheidungsbefugnisse, um sein Projekt voranzutreiben und es nach seinem Willen zu gestalten. Da die Ressourcen dem Projekt vollständig zugeordnet sind, werden weniger Verteilungskonflikte erwartet. Aus Sicht des Projektleiters besteht eine gute Möglichkeit, sich auf die Projektleitung zu konzentrieren und seine Führungsfähigkeiten weiterzuentwickeln.

Auch wenn die projektbasierte Organisation fast nur Vorteile aus Sicht des Projektleiters beinhaltet, hat sie aus Sicht der Geschäftsführung einige – auch schwerwiegende – Nachteile. Ein Team pro Projekt einzurichten, ist kostenintensiv. Außerdem können Standards und standardisierte Vorgehensweisen unter den Ressourcen nur schlecht etabliert werden, da jeder Projektleiter die vollen Befugnisse hat, die Ressourcen und seine Arbeit nach eigenem Willen zu gestalten. Die ständigen Umschulungen der Mitarbeiter sowie die häufigen Neuetablierungen von Standards und Best Practices sorgen zusätzlich für erhöhte Kosten. Die Rücknahme von Mitarbeitern aus dem Projekt in die Organisation kann sich sowohl schwierig als auch kostspielig gestalten, da in dem Moment, in welchem das Projekt beendet wird, nicht unbedingt Bedarf an den betroffenen Mitarbeitern besteht. Die Beschäftigung der Projektleiter mit der Personalführung hat zur Folge, dass sie weniger Zeit mit der tatsächlichen Projektleitung verbringen können.

Die Projektorganisation wurde in den 1990er-Jahren bei Großunternehmen beliebt, da man vermehrt auf Projektarbeit setzen wollte und sich außerdem eine erhöhte Agilität erhoffte, diese Organisationsform sich aber als extrem kostenintensiv erwies. Seitdem setzen moderne, projektintensive Unternehmen grundsätzlich auf die Organisationsform der Matrixorganisation.

9.2. Entwicklung von Leadership-Theorien

Die Menschheit interessiert sich schon sehr lange für das Thema Leadership und Führung. Führung in einer Gesellschaft oder einer Gruppe wurde lange Zeit grundsätzlich mit der ‚der große Mann'-Theorie erklärt. In der Geschichte wurde immer wieder über die großen Helden und Anführer berichtet, zum Beispiel Julius Caesar, King Arthur oder Djingis Khan. Mit der Industrialisierung wurde diese Theorie wackelig. Geschäftsführern von kleineren oder mittelständischen Unternehmen oder Abteilungsleitern in solchen wurden zwar Führungsaufgaben und Personalverantwortung übertragen, aber diese waren noch lange keine geborenen Anführer oder Helden. Daher wurden neue psychologische und sozialwissenschaftliche Leadership-Theorien entwickelt. Auf diese wird in den nächsten Abschnitten näher eingegangen.

9.2.1. Führungsmerkmale, Führungskompetenzen und Führungsstil

Eine der ersten Theorien über Leadership, die nach der ‚der großen Mann'-Theorie entstanden ist, war die Theorie über Führungsmerkmale. Menschen wurden zwar nicht als Helden oder große Anführer geboren, aber diejenigen, die es an die Spitze schafften, besaßen ähnliche Persönlichkeitsmerkmale. Die Anhänger dieser Theorie versuchten herauszufinden, welche Persönlichkeitsmerkmale notwendig waren, um Leiter oder Chef zu werden. Diese Theorie weist große Ähnlichkeiten mit der ‚der große Mann' Theorie auf, indem behauptet wird, dass diese Persönlichkeitsmerkmale grundsätzlich angeboren sind und nur bedingt beeinflusst werden können. Es wird des Weiteren angenommen, dass diese Persönlichkeitsmerkmale zu einem Verhalten führen, die den Besitzer zu einem geeigneten Führer machen. Führer werden daher unabhängig von der Situation oder dem unternehmerischen Kontext betrachtet, da Persönlichkeitsmerkmale sich nach dieser Theorie nicht durch die Umgebung beeinflussen lassen. Daher kann ein Leiter dieser Theorie nach in jedem Umfeld und in jedem Kontext als geeigneter Leiter fungieren. Zu den Persönlichkeitsmerkmalen, die in dieser Theorie genannt werden, gehören unter anderem Intelligenz, ergebnisorientiertes Handeln, verantwortungsvolles Handeln, Fachkompetenz, Verständnis für menschliches Verhalten (emotionale Intelligenz), Selbstbewusstsein, Integrität, Mut, vertrauensvolles Handeln/Zuverlässigkeit, Kreativität und emotionale Stabilität.

Allerdings wurde in dieser Theorie angemerkt, dass Personen, die in bestimmten Situationen als Führer fungieren, in anderen Situationen nicht unbedingt als

Führer betrachtet werden können. Da Persönlichkeitsmerkmale nicht einfach abgelegt werden können, wenn man nach der Arbeit nach Hause geht, müsste es mehr als nur Führungsmerkmale geben um zu erklären, was einen Leader ausmacht. Statt die angeborenen Persönlichkeitsmerkmale in den Fokus zu stellen, begann man, über das konkrete, situationsbedingte Verhalten zu sprechen. Das Verhalten kann sich je nach Situation und Kontext unterschiedlich gestalten. In dieser Theorie wurden zwei unterschiedliche Verhaltensweisen identifiziert, die Leadership beschreiben könnte. Es handelt sich dabei um aufgabenorientierte Führungsstile und mitarbeiterorientierte Führungsstile.

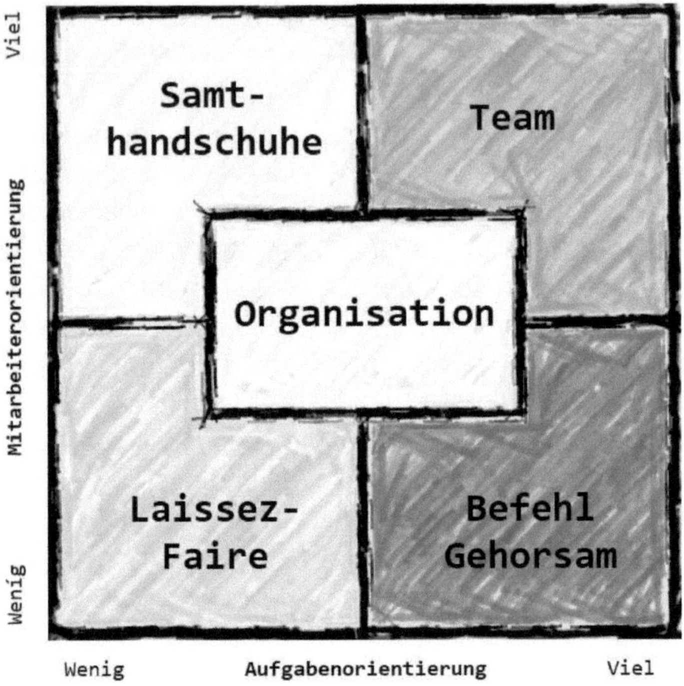

Abbildung 22: Führungsstile

Wenn Kombinationen der beiden Führungsverhalten in einem Diagramm gegenübergestellt werden, erhält man fünf unterschiedliche Führungsstile. Leader, die sowohl aufgabenorientiert als auch mitarbeiterorientiert agieren, werden als Team Leader betrachtet. Sie können sich auf die Fähigkeiten der Mitarbeiter ebenso fokussieren wie auf die zu erledigenden Aufgaben. Leader dagegen, die weder aufgabenorientiert noch mitarbeiterorientiert agieren, handeln nach dem sogenannten Laissez-Faire Prinzip. Darunter ist zu verstehen, dass der Leader weitgehend darauf verzichtet, in die Arbeitsabläufe einzugreifen und sich erhofft, dass Probleme sich von allein lösen und Organisation von allein entsteht. Die Leader, welche aufgabenorientiert sind, aber nicht mitarbeiterorientiert arbeiten, agieren mit harten Regeln und direkten Befehle. Ziele, die nicht erreicht werden, haben unter diesen Leadern deutliche Konsequenzen. Die Leader, welche sehr mitarbeiterorientiert sind, dafür wenig aufgabenorientiert handeln, setzen vor allem auf Teamwork und Motivation, damit eine gute Arbeitsatmosphäre entsteht. Das führt normalerweise zu glücklichen Mitarbeitern, aber nicht unbedingt zu einer hohen Produktivität. Diejenigen Leader, die sich in der Mitte aufhalten, managen die Organisation, ohne diese in irgendeine Richtung zu entwickeln. Dieser Führungsstil führt üblicherweise nicht zu Veränderungen oder Verbesserungen im Unternehmen.

Da die Möglichkeit, unterschiedliche Stile annehmen zu können, immer noch stark mit angeborenen Fähigkeiten zusammenhängt, wurde eine weitere Theorie entwickelt, die sich auf erlernbare Fähigkeiten konzentriert. Es handelt sich dabei um Führungskompetenzen, also unterschiedliche Fähigkeiten, die für einen erfolgreichen Leader notwendig sind, aber alle erlernt werden können. Es handelt sich also eher darum, was ein Leader erreichen kann, als darum, wer er ist. In dieser Theorie werden drei Hauptfähigkeiten – technische, emotionale und konzeptionelle – genannt, die für einen Leader notwendig sind. Technische Fähigkeiten beziehen sich auf die fachlichen Kenntnisse, die in dem Bereich, in dem der Leader wirkt, notwendig sind. Die emotionalen Fähigkeiten beziehen sich darauf, dass der Leader den Umgang mit Menschen und Mitarbeitern erlernt. Konzeptionelle Fähigkeiten erlauben es dem Leader, sich mit Konzepten, Organisation und Strategien zu befassen. In dem Modell von Katz wird verdeutlicht, dass je nach Führungsebene bevorzugt unterschiedliche Führungskompetenzen benötigt werden.

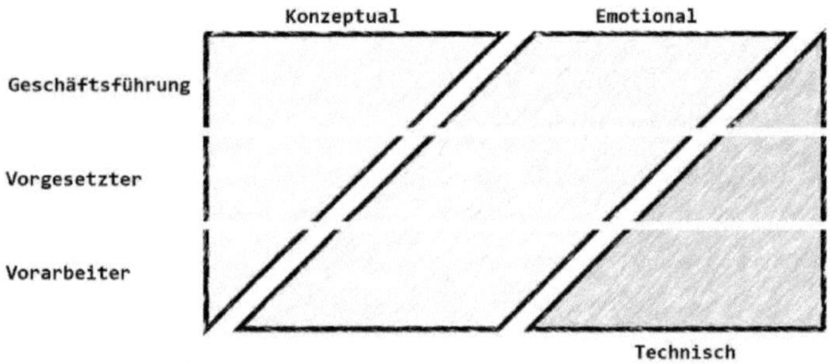

Abbildung 23: Führungskompetenzen nach Katz

In dem Modell von Katz benötigt ein Vorarbeiter auf der unteren Führungsebene in einem Unternehmen technische und emotionale Führungskompetenzen, aber nicht so sehr konzeptionelle Fähigkeiten. Die Geschäftsführung dagegen benötigt in erster Linie emotionale und konzeptionelle Führungskompetenzen. Vorgesetzte auf der mittleren Ebene benötigen Kompetenzen aus allen drei Bereichen.

9.2.2. Situationsbedingtes Leadership

Die bisher beschriebenen Theorien über Leadership haben die Schwachstelle, dass sie sich nur auf den Leader fokussieren. Da aber Mitarbeiter unterschiedliche Persönlichkeitsmerkmale und unterschiedliches Verhalten aufweisen, liegt es natürlich nahe, dass der Führungsstil je nach Mitarbeiter und Situation angepasst werden muss. Die Theorie über situationsbedingtes Leadership hat daher als Ausgangspunkt, dass der Leader zuerst die Situation und die Mitarbeiter analysieren muss, um danach seinen Führungsstil anpassen zu können. Da sich situationsbedingtes Leadership auch mit den beiden Dimensionen Aufgabenorientierung und Mitarbeiterorientierung beschäftigt, wird es oft als eine Weiterentwicklung der Theorie über Führungsstile betrachtet.

Abbildung 24: Reifungsgrad der Mitarbeiter in situationsbedingtem Leadership

Ein großer Vorteil dieser Theorie ist, dass sie sich sehr praxisnah gestaltet und sich einfach im beruflichen Alltag integrieren lässt. Als erstes muss der Leader den Reifegrad der Mitarbeiter in einer gewissen Situation oder vor einer neuen Aufgabe ermitteln. Dabei werden die beiden Dimensionen Motivation und Fachkenntnisse betrachtet. Durch diese Bewertung entstehen vier Kategorien von Mitarbeitern.

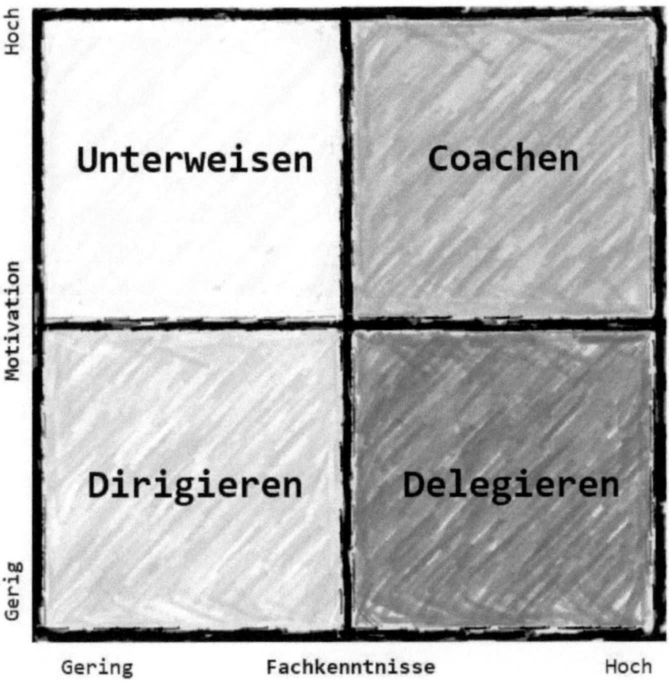

Abbildung 25: Führungsstil in situationsbedingtem Leadership, je nach Reifegrad der Mitarbeiter

Je nach Kategorie der Mitarbeiter in einer bestimmten Situation kann das entsprechende Führungsverhalten ausgewählt werden. Bei Mitarbeitern, welche zwar sehr motiviert sind, denen aber die benötigten Fachkenntnisse fehlen, wird ein unterweisender Führungsstil ausgewählt. Das liegt daran, dass den Mitarbeitern nicht die Richtung gezeigt werden muss, da sie schon eine innere Motivation besitzen und sich selbstständig darum bemühen, die gemeinsamen Ziele zu erreichen. Ihnen fehlen jedoch die notwendigen

Fachkenntnisse, daher benötigen sie gegebenenfalls Unterstützung bei der praktischen Ausführung der Aufgaben.

Für Mitarbeiter, die umgekehrt zwar fachlich sehr kompetent sind, aber sich nicht selbst für die anstehenden Aufgaben oder die gemeinsamen Ziele begeistern und motivieren können, muss ein anderes Führungsverhalten gewählt werden. Da der Mitarbeiter in diesem Fall bereits die benötigten Fachkenntnisse besitzt, aber nicht den Antrieb, diese selbstständig anzugehen, kann eine direkte Delegierung der durchzuführenden Tätigkeiten gewählt werden. Dadurch wird dem Mitarbeiter ein detaillierter und deutlicher Aufgabenplan vorgelegt, nach dem er sich zu richten hat. Der Leader kann entsprechend überprüfen, ob vereinbarte Aufgaben erledigt worden sind.

Bei Mitarbeitern, welche weder motiviert sind noch über die benötigten fachlichen Kenntnisse für die anstehenden Tätigkeiten verfügen, muss der Leader aktiver werden und kann einen dirigierenden Führungsstil auswählen. Das beinhaltet unter anderem eine intensivere Kontrolle, ob die Aufgaben rechtzeitig und richtig ausgeführt worden sind. Außerdem müssen die Mitarbeiter genauere Anweisungen erhalten, welche Aufgaben sie wie und bis wann zu erledigen haben.

Bei Mitarbeitern, die sowohl motiviert als fachlich kompetent sind, kann der Leader sich ein wenig zurückziehen und einen Coaching-Ansatz wählen.

Dabei kann er sicherstellen, dass ein Bewusstsein für die gemeinsamen Ziele existiert sowie aufpassen, dass die Arbeit in die richtige Richtung betrieben wird. In diesem Fall kann der Leader auch überlegen, ob ein Servant Leadership Ansatz zu wählen wäre. Auf Servant Leadership wird in dem nächsten Abschnitt näher eingegangen.

9.2.3. Servant Leadership

Im traditionellen Leadership ist die Aufgabe des Leaders primär das Wohl und der Erfolg der Organisation oder des Unternehmens. Im Servant Leadership dient der Leader sowohl den Mitarbeitern als auch dem Unternehmen. Ein Servant Leader teilt seine Macht mit den Mitarbeitern, setzt die Bedürfnisse der Mitarbeiter vor seine eigenen und unterstützt die Mitarbeiter und die Organisation bei ihren Bestrebungen nach Höchstleistungen. Das heißt, die Rollen, die mit Leadership traditionell verknüpft sind, werden getauscht. Die Mitarbeiter dienen nicht dem Leader, sondern der Leader dient den Mitarbeitern. Die Basis für das Servant Leadership ist, dass Mitarbeiter, welche jeglichen guten Voraussetzungen erhalten, ihre Kompetenzen und Fähigkeiten vollständig zu entfalten und weiterzuentwickeln, diese auch einsetzen werden, um das Unternehmen voranzutreiben. Persönliches Wachstum hängt in diesem Fall mit wirtschaftlichem und unternehmerischem Wachstum zusammen.

Um ein erfolgreicher Servant Leader zu werden, benötigt der Leader einige Eigenschaften, die überwiegend mitarbeiterorientiert sind. Zu diesen Eigenschaften gehört unter anderem das Schätzen unterschiedlicher Einstellungen und Meinungen. Mit Micromanagement ist ein Servant Leadership nicht möglich. Stattdessen muss ein Servant Leader, um die Mitarbeiter in ihrem Vorhaben unterstützen zu können, unterschiedliche Vorgehensweisen und Meinungsunterschiede schätzen. Ein Mitarbeiter kann sehr einfach überprüfen, ob er sich in einem Unternehmen mit praktiziertem Servant Leadership befindet, indem er sich fragt, ob er sich gezwungen fühlt, die Ansicht des Vorgesetzten zu übernehmen. Wer diese Frage bejahen muss, hat keinen Servant Leader als Vorgesetzter. Des Weiteren muss ein Servant Leader Vertrauen in die Organisation unter den Mitarbeitern schaffen. Servant Leadership funktioniert nur, wenn die Mitarbeiter zusammen als Team arbeiten. Das ist nicht gegeben, wenn die Mitarbeiter schlecht übereinander reden und kein Vertrauen in die Leistungen oder den Beitrag der Kollegen haben. Ein Servant Leader führt auch nicht allein. Er delegiert gerne und teilt seine Macht mit anderen, die dadurch Führungsaufgaben übernehmen können. Ein Servant Leader kümmert sich auch um seine Mitarbeiter. Damit die Mitarbeiter bei der Arbeit gute Leistungen erbringen können, muss es ihnen gut gehen. Daher muss der Servant Leader die Mitarbeiter gegebenenfalls auch im privaten Bereich unterstützen, damit sie sich voll und ganz auf die Arbeit konzentrieren können. Selbstverständlich muss ein Servant Leader auch seine Mitarbeiter motivieren können. Dies tut er gern, indem er ihnen Ideen verkauft anstatt diese als Aufgaben zu verteilen. Ein Servant Leader denkt auch langfristig. Um den Mitarbeitern die Möglichkeit zu geben, sich zu entfalten und darauf zu warten, dass dies zu besseren Ergebnissen und höherem Wachstum für das Unternehmen führt, kann man nicht erwarten, dass man innerhalb kürzester Zeit Ergebnisse erzielt. Diese Entfaltung kann z. B. durch Fortbildungen der Mitarbeiter erfolgen. In letzter Zeit ist es unter Großunternehmen zunehmend beliebter geworden, Glücksmanager einzustellen, welche die Mitarbeiterzufriedenheit steigern sollen.

Servant Leadership ist im deutschsprachigen Raum noch nicht besonders weit verbreitet, kommt aber inzwischen schnell voran, da sich die Vorteile des Servant Leaderships in großen Teilen der USA als erfolgreiches Konzept für Leadership erwiesen haben und wird erfolgreich in Großunternehmen wie FedEx, Starbucks und Mariott betrieben. Es lässt sich auch berechtigterweise infrage stellen, ob Servant Leadership die richtige Wahl ist, wenn es um Routineaufgaben geht (wie z. B. Schrauben in einer Fabrik herstellen) und nicht um eine kreative und innovative Projektarbeit.

9.3. Team & Projekt Leadership

Projektleiter leiten grundsätzlich ein Projekt. Auch wenn sie nicht immer die disziplinarischen Vorgesetzten des Projektteams sind, sind sie oft (wenigstens in der Praxis) die fachlichen Vorgesetzten. Dabei müssen sie unterschiedliche Fähigkeiten und Konzepte aus dem Leadership-Bereich beherrschen, um die Richtung des Projektteams zu beeinflussen. Viele Aspekte, welche traditionell zum Leadership gehören – wie z. B. eine Vision zu kommunizieren oder strategische Überlegungen zu treffen – gehören durchaus zu den Aspekten, die auch einen Projektleiter betreffen. Da Projektarbeit grundsätzlich eine neue und einmalige Aufgabe betrifft, ist das Ergebnis vor dem Projektbeginn nicht immer eindeutig und klar. Daher muss der Projektleiter auch eine Vision vom Ergebnis entwickeln und kommunizieren können. Außerdem agiert der Projektleiter nicht allein im Unternehmen, das Projekt wird zu einem bestimmten unternehmerischen Zweck durchgeführt. Um mit Änderungswünschen, Risiken oder Veränderungen in der Umwelt umgehen zu können, muss der Projektleiter auch in der Lage sein, sich mit strategischen Überlegungen auseinandersetzen zu können.

Auch auf der operativen Ebene muss sich der Projektleiter Leadership-Kompetenzen aneignen, da er für die Planung, Überwachung und Durchführung der Projektaufgaben und Projekttätigkeiten zuständig ist. In den nächsten Abschnitten wird auf ein paar Gefahrensituationen für Projektleiter eingegangen, darüber hinaus werden Hinweise für das Führen in einer Matrixorganisation erteilt.

9.3.1. Gefahrensituation 1: Falsches Delegieren

Menschen bearbeiten Aufgaben grundsätzlich sequenziell, da nicht mehrere Aufgaben gleichzeitig erledigt werden können. Wenn die Arbeitsbelastung hoch ist und mehrere Entscheidungen und Tätigkeiten anstehen, führt dies zu Verzögerungen. Der Vorgesetzte kann dies umgehen, indem er anstehende Aufgaben und Tätigkeiten an die Mitarbeiter delegiert. Das führt zu einem höheren Grad an Parallelisierung und dadurch zu einer höheren Effektivität, da mehrere Aufgaben gleichzeitig bearbeitet werden können. Außerdem fühlen sich die Mitarbeiter mehr involviert, was motivationsfördernd wirkt und die Mitarbeiterzufriedenheit erhöht. Zusätzlich fordert das Delegieren die Mitarbeiter heraus und kann somit die Entwicklung von neuen Fähigkeiten verstärken.

Eine Hauptaufgabe eines Leaders oder Geschäftsführers sind strategische Überlegungen und Entscheidungen. Wenn sich der Kalender aber mit Meetings zu operativen Themen füllt, fehlt oft die Zeit für strategisches Denken. Indem der Leader delegiert, kann er Zeit für solche Aufgaben gewinnen, die nicht delegiert werden können, zum Beispiel längerfristige strategische Entscheidungen. Außerdem zwingt das Delegieren den Leader, sich Gedanken darüber zu machen, wie die anstehenden Aufgaben priorisiert werden, welche davon delegiert werden können und welche unbedingt selbst erledigt werden müssen.

Wenn man eine Aufgabe delegiert, ist die Kommunikation sehr wichtig. Wer die Aufgabenstellung und das erwartete Ergebnis nicht deutlich kommunizieren kann, kann auch nicht erwarten, dass das Ergebnis am Ende den Qualitätsansprüchen genügt. Daher ist es sehr wichtig, dass der Leader das mentale Bild von der Aufgabe und deren Ergebnis auch an die Mitarbeiter vermitteln kann. Dabei muss das Ergebnis konkret und messbar beschrieben werden. Auch der Zeitpunkt, also bis wann das Ergebnis vorliegen muss, ist ein wichtiger Teil der Kommunikation. Welche Ressourcen, wie viele von den Ressourcen und wie viel Zeit mit der Aufgabe verbracht werden darf, muss ebenfalls kommuniziert werden. Das beinhaltet auch die Information, welche Mitarbeiter sich an der Aufgabe beteiligen dürfen sowie wessen Input eingeholt werden muss. Es ist auch wichtig zu kommunizieren, wie, wann und wo das Ergebnis abgegeben werden soll. Insgesamt sollte die Kommunikation einer zu delegierenden Aufgabe klar und vollständig sein, damit keine Missverständnisse bezüglich der Aufgabe oder des Ergebnisses entstehen können. Nachdem die Aufgabe delegiert wurde, hört die Kommunikation nicht auf, bis das Ergebnis vorliegt. Vielmehr ist es Aufgabe des Leaders, die Ausführung der Aufgabe zu überwachen und zwischendurch Rücksprache zu halten, um mögliche Fehlinterpretationen oder Qualitätsmängel rechtzeitig aufzufangen.

Wer eine Aufgabe delegieren möchte, muss sich auch genau überlegen, an wen die Aufgabe delegiert wird. Wenn der beabsichtigte Bearbeiter nicht in der Lage ist, die Aufgabe zufriedenstellend auszuführen, kann kein gutes Ergebnis erwartet werden. Es ist aber auch wichtig für den Leader, zu verstehen, dass man beim Delegieren einer Aufgabe akzeptieren muss, dass diese von einer anderen Person erledigt wird. Wenn das Ergebnis am Ende genauso aussehen muss, als hätte der Leader es selbst erstellt, wäre es am Ende wahrscheinlich schneller gegangen, wenn er die Aufgabe selbst erledigt hätte. Wer eine Aufgabe delegiert, sollte sich daher in erster Linie auf den Prozess und die Qualität fokussieren. Solange die Abweichungen des Ergebnisses keine qualitativen oder funktionalen Auswirkungen haben, muss man akzeptieren können, dass gewisse Abweichungen eingetreten sind.

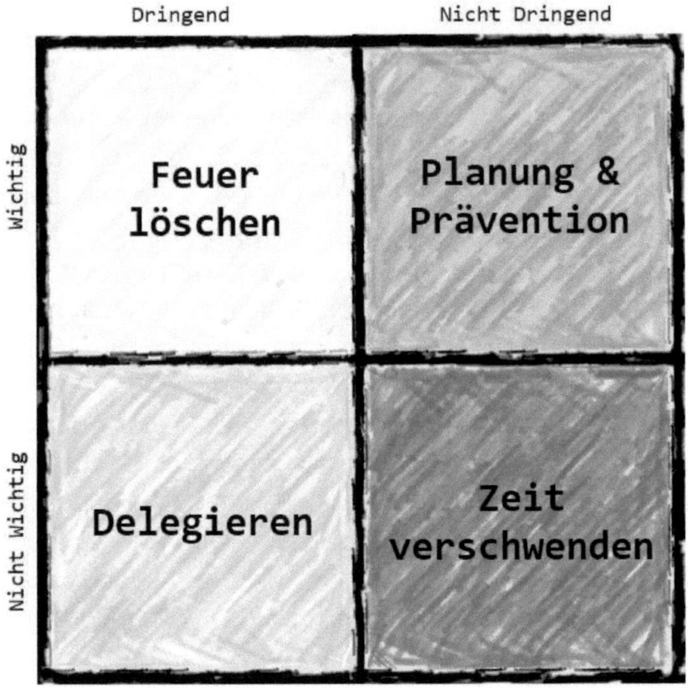

Abbildung 26: Prioritäten-Matrix

Um herauszufinden, welche Aufgaben zu delegieren sind, kann man sich an der Prioritäten-Matrix orientieren. Hier werden alle Aufgaben und Tätigkeiten eines Leaders in vier Quadrate eingeordnet, je nachdem, ob sie wichtig beziehungsweise dringend sind. Aufgaben, die sowohl wichtig als auch dringend sind, fallen in die Kategorie ‚Feuerlöschen'. Diese Aufgaben sind oft ungeplant und verlangen die sofortige und ungeteilte Aufmerksamkeit des Leaders. Aufgaben, die weder dringend noch wichtig sind, fallen hingegen in die Kategorie ‚Zeitverschwendung'. Hierbei handelt es sich um Aufgaben, die nicht auf Leader-Ebene auszuführen sind. Wenn ein Leader sich mit zu vielen solcher Aufgaben beschäftigt fühlt, sollte er organisatorische Maßnahmen treffen, damit diese Aufgaben im Regelbetrieb in den Abteilungen erledigt werden können. Der Unterschied zum Delegieren besteht darin, dass hier nicht einzelne Aufgaben an andere Mitarbeiter übertragen, sondern organisatorische Maßnahmen getroffen werden, damit die Aufgaben den Leader gar nicht erst erreichen. Aufgaben, die nicht dringend, aber dafür sehr wichtig sind, finden wir in der Kategorie ‚Planung & Prävention'. Ein Leader sollte anstreben, den Großteil seiner Arbeitszeit in dieser Kategorie zu verbringen, da hier meistens die strategischen Geschäftsentscheidungen anzutreffen sind.

In der Kategorie „dringend, aber nicht wichtig" finden wir Aufgaben, die grundsätzlich delegiert werden können. Da die Wichtigkeit nicht so deutlich ist, muss der Leader sich nicht persönlich um die Aufgaben kümmern. Da sie aber dringend sind, bietet es sich an, andere mit diesen Aufgaben zu betrauen, damit die Bearbeitung möglichst zeitnah erfolgen kann.

Beim Thema Delegieren muss man sich als Leader bewusst machen, dass man eine delegierte Aufgabe nicht selbst erledigt hat. Damit ist gemeint, dass der Leader am Ende – wenn es Lob und Anerkennung für das Ergebnis gibt – erwähnen muss, wer die Aufgabe tatsächlich bearbeitet hat. Ein Leader, der Lob und Anerkennung selbst einsteckt, macht sich nicht sonderlich beliebt und fördert nicht die Motivation und Zufriedenheit unter den Mitarbeitern.

9.3.2. Gefahrensituation 2: Mikromanagement

Als Mikromanager werden oft Vorgesetzte beschrieben, die sich in alle Details der Arbeit der Mitarbeiter einmischen müssen oder möchten. Ein Mikromanager wird daher nie mit den Leistungen der Mitarbeiter zufrieden sein, da es immer Details geben wird, die nicht nach seinen Vorstellungen erledigt wurden. Am Ende geht es bei einem Mikromanager eher darum, alle Details des Ergebnisses zu überprüfen als den Prozess und den Weg, die notwendig waren, um das Ergebnis zu erreichen. Es ist selbsterklärend, dass jemand, der so viel Zeit damit verbringt, die Details aller Tätigkeiten im Unternehmen zu überprüfen, kaum noch Zeit für wichtige Managementtätigkeiten wie strategische Überlegungen haben wird. Außerdem hat Mikromanagement oft negative Auswirkungen auf das gesamte Projektteam, wie z. B. ein mangelndes Gefühl von Vertrauen unter den Mitarbeitern, geringe (innere) Motivation, weniger Engagement und mehr Stress. Es ist daher wichtig zu betonen, dass Mikromanagement nur sehr wenig mit Leadership zu tun hat, da es nicht darum geht, den Mitarbeitern oder dem Unternehmen die Richtung zu zeigen, sondern darum, diese zu kontrollieren.

Ein Leader sollte selbstkritisch hinterfragen, ob er zu Mikromanagement neigt. Dafür können unter anderem die folgenden Fragen hilfreich sein: Fühlen Sie sich oft frustriert, weil Sie die Arbeit anders durchgeführt hätten? Sind Sie der Meinung, dass Projekte ohne Ihre Kontrolle nicht vorangetrieben werden? Versuchen Sie, alle Probleme und Konflikte im Team zu lösen und haben Sie Schwierigkeiten, Tätigkeiten zu delegieren?

Wer zu Mikromanagement neigt, sollte sich auch fragen, wieso es dazu kommt. Es gibt grundsätzlich zwei Arten von Mikromanagern. Die, die es mit Absicht tun, und die, die dazu gezwungen werden. In die erste Kategorie fallen die Perfektionisten und Kontrollfreaks, die kein anderes Ergebnis akzeptieren können. Perfektionisten schaffen es oft ganz gut nach oben in einem Unternehmen, da das Ergebnis ihrer Arbeit und durchgeführten Tätigkeiten immer tadellos ist. Aber irgendwann wird der Perfektionismus zum Hindernis, da sie jedes Detail kontrollieren müssen, und wer es weit genug nach oben geschafft hat, hat dafür keine Zeit mehr. In die zweite Kategorie fallen Leader, die immer wieder damit konfrontiert werden, dass das Ergebnis der Arbeiten ihrer Mitarbeiter qualitativ nicht ausreichend ist. Das kann grundsätzlich zwei unterschiedliche Gründe haben. Entweder wurde die Aufgabe, als sie delegiert wurde, nicht gut genug beschrieben und die Anforderungen wurden daher falsch verstanden. Der zweite Grund ist, dass die Mitarbeiter nicht dazu in der Lage sind, die notwendigen Tätigkeiten oder Aufgaben korrekt und mit hoher Qualität auszuführen. Entweder liegt das daran, dass die Fachkenntnisse und Fähigkeiten der Mitarbeiter in anderen Bereichen zu finden sind, oder dass sie für die betroffene Stelle falsch eingestellt worden sind.

Mikromanagement führt oft dazu, dass aus einem Vorgesetzten ein Flaschenhals entsteht. Da jedes Detail über den Vorgesetzten geklärt werden muss, bildet sich ein Stau an Mitarbeitern, welche alles im Detail klären möchten. Wenn der Vorgesetzte für diese Fragen und Entscheidungen nicht genug Zeit hat, werden sich alle Aufgaben und Tätigkeiten dadurch verzögern.

9.3.3. Führen in einer Matrixorganisation

Um erfolgreich in einer Matrixorganisation führen zu können, sollte man sich zuerst bewusst machen, wie die eigenen Beziehungen aussehen. Eine Matrixorganisation besteht bekanntlich aus zwei Dimensionen, und es bestehen sowohl vertikale als auch horizontale Beziehungen. Diese zu identifizieren ist wichtig, da es Auswirkungen auf die Wahl des situationsbedingten Führungsstils haben wird. In einer horizontalen Beziehung, ohne disziplinarische Verantwortung, ist es schwieriger, eine delegierende Rolle einzunehmen.

Um erfolgreich in einer Matrixorganisation führen zu können, gibt es ein paar allgemeine Hinweise. Erstens ist es in einer Matrixorganisation sehr hilfreich, wenn man versucht, die Projektteams möglichst ausgewogen zu gestalten (siehe auch das Kapitel über Gruppenrollen: 2). Die Bedeutung eines ausgewogenen Teams nimmt in einer Matrixorganisation zu, weil die Vielzahl und Komplexität der Beziehungen dazu führen, dass die Wahrscheinlichkeit steigt, dass ein breiteres Spektrum an Verhalten notwendig sein wird. Das liegt auch daran, dass es wichtig ist, unterschiedliche Blickwinkel und Ansätze in einer Matrixorganisation zu verstehen.

Um die Arbeit anderer Abteilungen besser zu verstehen hilft es, wenn die Projektmitarbeiter regelmäßig an Projekten unterschiedlicher Abteilungen teilnehmen. Dadurch erhalten sie ein besseres Verständnis für die Aufgaben und Tätigkeiten anderer Abteilungen und Beschäftigter. Für Projektleiter lohnt es sich, wenn verfolgt wird, wie andere Projektleiter beispielsweise noch größere Projekte leiten, in die noch mehr Abteilungen eingebunden sind. Projektleiter können unter Umständen auch in unterschiedlichen Abteilungen als Gast arbeiten, zum Beispiel in der Personalabteilung, der Finanzabteilung oder dem Controlling, und somit in die komplexe Rolle hineinwachsen.

Es ist auch wichtig, dass Kompetenzlücken identifiziert und so schnell wie möglich behoben werden (siehe auch die Kapitel über Lernen und Lernkultur: 7 & 8.3). Man muss auch daran denken, dass Führen in einer Matrixorganisation viel mehr auf Vertrauen basiert als auf formaler Autorität. Daher ist es oft kontraproduktiv, Probleme, Schwierigkeiten und Auseinandersetzungen sofort an den Vorgesetzen oder das oberste Management weiterzugeben. Der Fokus sollte stattdessen darauf liegen, dass man Konflikte durch Gespräche beseitigt und Vertrauen durch Feedback aufbaut. Soweit möglich, hilft es, wenn diese Gespräche und Besprechungen vor Ort und direkt durchgeführt werden, da es in virtuellen Teams deutlich schwieriger ist, Vertrauen aufzubauen.

9.4. Zusammenfassung

Um als Projektleiter erfolgreich zu werden, benötigt man sowohl Kenntnisse über Projektmanagement als auch über Leadership. Als Leader ist es wichtig, die längerfristige Perspektive durch eine Vision zu vertreten. Je nach Art der Organisation, muss der Führungsstil an das Unternehmen, das Projekt und die Projektmitarbeiter angepasst werden.

10. Selbstentwicklung und Resilienz

Selbstentwicklung bedeutet, dass man aktiv und bewusst etwas an sich (zum Besseren) verändert. Dies kann in sehr unterschiedlichen Bereichen erfolgen. In diesem Kapitel wird auf die Persönlichkeitsentwicklung und die Weiterbildung eingegangen. In der ersten Kategorie werden Soft Skills wie etwa das Teamverständnis und Leadership verstanden. Beide Eigenschaften sind wichtig für Projektleiter. In der Weiterbildungskategorie gibt es hauptsächlich zwei Bereiche, die für Projektleiter von Relevanz sind. Es handelt sich dabei um betriebswirtschaftliche Kenntnisse und Projektmanagementmethoden. Bevor auf die unterschiedlichen Arten von Selbstentwicklung eingegangen wird, wird zuerst die theoretische Grundlage von Selbstentwicklung und Bildung erklärt.

10.1. Selbsteinsicht

Die Fähigkeit zur Selbsteinsicht wird häufig als die Fähigkeit, sein eigenes Spiegelbild zu erkennen, definiert. Dadurch ist diese Fähigkeit Menschen und einigen Affenarten vorbehalten. Das stimmt mit den Theorien von Darwin überein, dass die Voraussetzung für Selbsteinsicht mit hoher Intelligenz und hoch entwickelten kognitiven Fähigkeiten geschaffen wird.

10.1.1. Entwicklung der Selbsteinsicht

Die menschliche Fähigkeit zur Selbsteinsicht wird kontinuierlich während der Kindheit entwickelt und beginnt bereits im Alter von 3 bis 5 Monaten, wenn das

Kind anfängt, sich selbst zu entdecken. Bereits mit 9 bis 12 Monaten ist die Fähigkeit, sich selbst im Spiegel zu entdecken, vorhanden und die Kinder können einen Spiegel verwenden, um sich selbst zu betrachten und zu entdecken. Mit zwei Jahren können Kinder sich selbst beschreiben und die eigenen Körperteile in einem Spiegel benennen. Im Alter zwischen 3 und 6 Jahren entwickelt das Kind auch eine Moral auf Grundlage des eigenen Selbstbilds und der Selbsteinsicht. Am Anfang ist diese Moral noch sehr stark von autoritären Bezugspersonen wie z. B. den Eltern beeinflusst. Im Laufe der Jahre entwickelt sich eine eigenständige Moral, die mehr und mehr durch das eigene Selbstbild und die Selbstwahrnehmung beeinflusst wird. Das Selbstbild erreicht am Ende einen Zustand, in welchem die moralischen Werte des Kindes auf den prinzipiellen Vorstellungen des eigenen Selbstbildes beruhen.

Das Erreichen und die Entwicklung einer Selbsteinsicht können daher als ein Prozess beschrieben werden, in welchem das Kind sowohl unterschiedliche Gefühle als auch Verhalten erleben und ausprobieren darf. Folglich führt eine verbesserte Selbsteinsicht zu einem erweiterten Repertoire an Verhaltensmustern, die an unterschiedliche Situationen angepasst werden. Daher funktioniert eine hohe Selbsteinsicht in Beziehungen und Zusammenarbeit mit anderen Menschen unterstützend, da eine situationsbedingte Verhaltensanpassung in der Begegnung mit anderen Menschen notwendig ist.

Allerdings ist Selbsteinsicht ein sehr komplexer Prozess, der nicht leicht zu verstehen und zu beeinflussen ist. Oft wird dieser Prozess durch Gruppenbesprechungen und Feedback sichtbar gemacht, um die Wahrnehmung des eigenen Verhaltens durch Mitmenschen besser verstehen zu können.

10.1.2. Selbsteinsicht als Grundlage für Verhaltensänderungen

Um eine möglichst objektive Selbsteinsicht zu entwickeln, wird ein aktiver Prozess benötigt, durch welchen man zu verstehen versucht, wie das eigene Verhalten von anderen Mitmenschen wahrgenommen wird. Im Schlaf beispielsweise wird keine Selbsteinsicht entwickelt. Die objektive Selbsteinsicht entsteht, indem man wahrnimmt, welche Auswirkungen das eigene Verhalten auf andere Menschen hat. Dies ist die Grundlage für die Möglichkeit, eine längerfristige und selbstständige Verhaltensänderung zu erwirken. Im Gegensatz dazu ist die subjektive Selbsteinsicht – also das Erkennen der eigenen Person im Spiegel oder die Verknüpfung des eigenen Namens mit der eigenen Person – weniger von Bedeutung für eine Verhaltensänderung.

Das bedeutet auch, dass das Erlangen einer objektiven Selbsteinsicht notwendig ist, um über eigene Ansichten reflektieren und diese hinterfragen zu können. Auch in den Theorien über Gruppenrollen von Belbin wird Selbsteinsicht als Grundlage betrachtet, um die eigene

Gruppenrolle hinterfragen und beeinflussen zu können. Zusätzlich kann Selbsteinsicht nicht nur auf Personenebene, sondern auch auf Gruppenebene erreicht werden. Eine Gruppe kann die Einsicht erreichen, wie Normen und Verhalten in der Gruppe gestaltet sind, um die Leistung beeinflussen zu können.

10.2. Bildung

In den *Cambridge Dictionaries* wird Bildung als ‚der Prozess des Lehrens und Lernens, insbesondere in Schulen und Universitäten' definiert. Allerdings ist Bildung viel mehr als das, insbesondere wenn wir überlegen möchten, was der Zweck von Bildung ist. In den nächsten Abschnitten werden unterschiedliche gesellschaftliche und individuelle Aspekte von Bildung näher erläutert.

10.2.1. Zweck der Bildung

Die meisten Gesellschaften in der Geschichte haben sich immer in irgendeiner Form für Bildung, Ausbildung, Fortbildung oder Weiterbildung interessiert. Daher wird behauptet, dass Lehrer zu den ältesten Berufen der Welt gehören. Hier ist es notwendig, Gesellschaften, welche in die Bildung der Bevölkerung investieren, von Gesellschaften, welche den Nutzen der Bildung erkennen, zu unterscheiden. Grundsätzlich alle Gesellschaften sollten zu der letzteren Kategorie gehören. Das sollte offensichtlich sein, wenn man bedenkt, dass alle Kinder als Analphabeten geboren werden. Eine Gesellschaft benötigt aber beispielsweise Ärzte, die Kranke behandeln, sowie Ingenieure, die

Brücken bauen. Der große Unterschied zwischen dem neugeborenen Analphabeten und dem Arzt ist die (Aus-)Bildung. Bildung kann daher als der Prozess betrachtet werden, der Individuen mit Kenntnissen und Fähigkeiten versieht. Daraus können drei Zwecke der Bildung abgeleitet werden:

1) einen Beitrag zur Gesellschaft leisten zu können
2) eigene, persönliche, Ziele erreichen zu können
3) als Eigenzweck, indem Wissen für eigene Interessen angeeignet wird

Früher war beispielsweise das britische Ausbildungssystem so ausgerichtet, dass der Arbeiterklasse grundlegende Rechenarten, Lesen und Schreiben beigebracht wurde. Fremdsprachen, Wirtschaftswissenschaften, höhere Mathematik usw. waren den elitären Klassen vorbehalten. Die frühere Bildung war also eher darauf ausgelegt, einen gesellschaftlichen Beitrag zu generieren und die elitäre Klasse zu erhalten. Durch die Entwicklung der modernen Bildungssysteme bestehen in mehreren Gesellschaften die zusätzlichen Zwecke, dass eigene persönliche Ziele erreicht werden können, sowie Wissen an sich generiert werden soll (z. B. Grundlagenforschung oder die Freiheit der Wissenschaft).

Der erste Zweck der Bildung – der gesellschaftliche Beitrag – ist in der modernen Gesellschaft oft nur schwer von dem zweiten Zweck – dem Erreichen der persönlichen Ziele – zu unterscheiden. Das liegt daran, dass Bildung oft zu einem höheren Gehalt oder interessanteren Arbeitsaufgaben führt. Aus einer gesellschaftlichen Perspektive ist es aber so, dass Bildung die Grundlage ausmacht, um die gesellschaftlichen Funktionen zu besetzen und aufrechtzuerhalten, damit die Bevölkerung mit den notwendigen Produkten und Dienstleistungen versorgt werden kann. Als Beispiel können grundsätzlich alle heutigen Berufe genannt werden.

Der zweite Zweck der Bildung – die persönlichen Ziele zu erreichen – kann zu Konflikten mit dem ersten Zweck, den gesellschaftlichen Beitrag zu leisten, führen. Ein Lehrer kann die schlechte Leistung eines Schülers nicht ignorieren. Auch dann nicht, wenn der Schüler mit seiner Leistung, schlechten Benotung und seinen Zukunftsaussichten zufrieden ist. Allerdings ist es so, dass es heute grundsätzlich erlaubt ist, sich seinen Beruf und Bildungsweg selbst auszusuchen, was zu einer möglichen Kombination der ersten beiden Zwecke führen würde.

Der dritte Zweck der Ausbildung – Eigenzweck und Wissen generieren – wird grundsätzlich durch die Gesellschaft gefördert, indem man sich beispielsweise erhofft, dass irgendwann aus der Grundlagenforschung ein angewandtes Forschungsprojekt entsteht. Daher gibt es eine Verbindung zwischen dem ersten und dem dritten Zweck der Bildung. Als Beispiel kann die Relativitätstheorie von Albert Einstein dienen, die in der Schublade eines Patentanwaltsbüros entwickelt wurde, ohne den geringsten Gedanken an mögliche praktische

Auswirkungen. Jahrzehnte später wurden diese Berechnungen und Theorien als Grundlage für die Entwicklung von Navigationssystemen und Mikrowellenherden verwendet.

10.2.2. Die moderne Bildungskultur

Wer heutzutage eine Ausbildung oder ein Studium angeht, hat im Anschluss bessere Möglichkeiten, eine Stelle zu finden als jemand ohne Schulabschluss oder weiterführenden Bildungsweg. Das heutige Bildungssystem wird aber immer wieder infrage gestellt und ist Teil der ständigen öffentlichen (und privaten) Debatte. Es gibt Hinweise darauf, dass die Leistungen und Kenntnisse der Schüler, Auszubildenden und Studenten rückläufig und nicht auf einem ausreichend hohen Niveau sind, um erfolgreich die Herausforderungen einer neuen Stelle zu bewältigen.

Außerdem gibt es ein Phänomen in der heutigen Gesellschaft, welches sich ‚Bildungsfundamentalismus' nennt. Damit ist gemeint, dass Unternehmen und Menschen häufig Bildung als die Lösung für Probleme aller Art betrachten, ohne sich Gedanken darüber zu machen, ob Bildung wirklich die bestmögliche Lösung darstellt. Außerdem gibt es eine gesellschaftliche Tendenz, dass formale Abschlüsse und Zeugnisse wichtiger sind als Erfahrungen und Leistungen. Das führt leicht zu einem Teufelskreis, durch den Menschen sich dazu genötigt fühlen, eher für das Zeugnis als für die tatsächlichen Kenntnisse zu lernen.

10.2.3. (Aus-)Bildung für Projektleiter

Nach dem Project Management Institute (PMI) gibt es drei unterschiedliche Bereiche, in denen sich ein Projektleiter (weiter-)bilden sollte:

1. Projektmanagementmethoden
2. Leadership
3. Betriebswirtschaft

Unter Projektmanagementmethoden wird eine Reihe an Methoden für Projektmanagement verstanden, die unbedingt zum Grundrepertoire jedes Projektleiters gehören sollten. Als Beispiel können hier unter anderem folgende Punkte genannt werden: Agile Methoden, Earned Value, der Lebenszyklus von Projekten, Anforderungsanalyse, Zeitplanung, Budgetierung, Risikomanagement, Stakeholdermanagement, Umfang und Inhalt des Projektes. Unter Leadership werden die Führung und das Coaching des Projektteams verstanden. Dafür ist es wichtig, dass der Projektleiter grundlegende psychologische Kenntnisse besitzt um zu verstehen, wie Projektteams funktionieren und agieren. Auf Basis dieser theoretischen Grundlage kann der Projektleiter anfangen, das Projektteam zu beeinflussen und die Richtung vorzugeben. Betriebswirtschaftliche Kenntnisse sind nötig, um das Projekt in einem unternehmerischen Kontext zu betrachten und einzuschätzen, welche Auswirkung das Projektergebnis auf das Unternehmen haben wird. Um Änderungen zum Inhalt, Umfang, den Anforderungen, dem Vorgehen und dem Ergebnis beurteilen zu können, muss der Projektleiter ein Verständnis für die Gesamtorganisation haben. Daher sind unter anderem Kenntnisse in den folgenden Bereichen wichtig: Analyse von strategischen und operativen Vor- bzw. Nachteilen, Konkurrenzanalysen, gesetzliche und regulatorische Anforderungen, Finanzmanagement, Marketing, Marktbedingungen und Kundenmanagement.

Abbildung 27: Kompetenzbereiche eines Projektleiters. Obere Zeile: PMI, Untere Zeile: IPMA

Die International Project Management Association (IPMA) benennt drei weitere Kompetenzbereiche für einen Projektleiter:

1. Menschen (People)
2. Perspektive (Perspective)
3. Praktik (Practice)

Aufgrund der englischen Bezeichnungen spricht man bei IMPA von den 3Ps. Im Bereich Menschen geht es darum, das menschliche Verhalten und die Psychologie zu verstehen, um besser mit dem Projektteam und den Stakeholdern umgehen zu können. Darunter werden unter anderem folgende Bereiche verstanden:

Selbstreflexion und Selbstentwicklung, Integrität, Kommunikation, Beziehungen, Leadership, Teamwork, Konfliktlösung und Verhandlungsgeschick. Im Bereich Perspektive sind unter anderem folgende Punkte zu benennen: Strategie, Organisation, Gesetze und Regularien, Einfluss und Interessen sowie Kultur und Werte. Im dritten Bereich, der Praktik, findet man unter anderem folgende Projektmanagementmethoden: Inhalt und Umfang des Projekts, Anforderungsanalyse, Zeitplanung, Organisation, Qualität, Budgetierung, Ressourcen, Beschaffung, Pläne erstellen, Controlling, Risikomanagement, Stakeholdermanagement sowie Changemanagement.

Dieses Buch beschäftigt sich grundsätzlich mit dem PMI-Thema ‚Leadership' sowie der IMPA-Thematik ‚Menschen'.

Fortbildung für Projektleiter

Das Angebot an Weiter- und Fortbildungen für Projektleiter ist heutzutage gewaltig. Allerdings gibt es eine sehr große Varianz, was den Inhalt und die Qualität betrifft. Auch die Unterschiede bezüglich des Zeitaufwands und der Kosten sind groß. Daher sollte sich der Projektleiter vor jeder Fortbildungsmaßnahme genau überlegen, welche Anforderungen und Bedürfnisse er hat und dann gezielt nach Fortbildungen suchen, die diesen Kriterien entsprechen.

Das größte Problem an Fortbildungsangeboten für Projektleiter ist, dass sie nicht an die unternehmerischen Realitäten und den entsprechenden Kontext angepasst sind. Viele der Projektleiterausbildungen vermitteln ein paar grundlegende Projektmanagementmethoden wie Gantt Charts oder Risikoanalyse. Diese Kenntnisse allein machen aber keinen Projektleiter aus, da sie den Kern der Projektleitung übersehen. Da jedes Projekt eine neue und einmalige Aufgabe darstellt, ist die wichtigste Aufgabe einer Fortbildung in Projektmanagement nicht, konkrete Tipps zu geben, sondern den Projektleiter zum Nachdenken anzuregen, damit er für sein spezifisches Projekt künftig die richtigen Entscheidungen treffen kann.

Fortbildungen für Projektleiter können sehr sinnvoll sein. Der Projektleiter muss aber am besten zuerst entlang der von PMI oder IPMA beschriebenen Kernkompetenzen seinen individuellen Fortbildungsbedarf identifizieren, um dann entsprechende Fortbildungen mit hoher Qualität auszusuchen.

Projektleiter als Beruf

Projektleitung wurde lange nur als eine Zusatzqualifikation betrachtet. Man sollte eine Ausbildung oder ein Studium belegen und könnte danach – möglicherweise nach einem Seminar in Projektmanagementmethoden – als Projektleiter in einem Unternehmen eingesetzt werden. Dabei lag der Fokus in erster Linie auf den entsprechenden und spezifischen Fachkenntnissen in dem jeweiligen Bereich und nicht auf dem Projektmanagement. Heute entwickelt sich die Wirtschaft in die Richtung, dass Projektleitung und Projektmanagement als eigenständige Berufe angesehen werden. Es sollte beachtet werden, dass weder in den von PMI noch in den von IPMA genannten Kernkompetenzen für Projektleiter Fach- oder Branchenkenntnisse genannt werden. Sie wurden dabei nicht vergessen, sondern bewusst weggelassen. Das liegt daran, dass tiefgehende Fachkenntnisse der Erfahrung nach dazu führen, dass der Projektleiter sich um Details kümmert und sich mehr für das Produkt interessiert als für die Kommunikation, Organisation und Zusammenarbeit im Projektteam. Ein hervorragender Projektleiter benötigt daher keine branchenspezifischen Kenntnisse sondern stellt sicher, dass die benötigte Expertise und Erfahrung im Projektteam mit eingebunden werden. Er kann daher als Projektleiter in unterschiedlichen Branchen fungieren.

Zertifizierungen für Projektleiter

Ein Zertifikat ist eine Möglichkeit für den Projektleiter, nachzuweisen, dass er Kompetenzen, Fähigkeiten und gegebenenfalls auch Erfahrungen in allen für die Projektleitung relevanten Bereichen besitzt. Ein Zertifikat kann daher die Position und Anerkennung auf dem Arbeitsmarkt sowie die Gehaltsmöglichkeiten steigern. Es gibt zwar eine Vielzahl an unterschiedlichen Zertifizierungsmöglichkeiten für Projektleiter, hier wird aber nur auf die drei eingegangen, die den heutigen Weltmarkt dominieren: PMI, IPMA und PRINCE2.

Das PMI mit Sitz in den USA ist der mit Abstand größte Weltverband für Projektleiter und bietet insbesondere die sehr weit verbreitete und anerkannte Zertifizierung ‚Project Management Professional (PMP)' an. Grundlage für die Prüfung ist das eigene Handbuch PMBOK. Für die aktuellen Zulassungsvoraussetzungen und Kosten wird auf die Homepage von PMI verwiesen.

Das IPMA hat seinen Sitz in den Niederlanden und ist älter, dafür aber zum heutigen Zeitpunkt kleiner als PMI. Der Verband bietet kein Handbuch, welches Projektmanagementmethoden so detailliert beschreibt wie das PMBOK. Dafür werden die notwendigen Kompetenzen in der Individual Competence Baseline (ICB) beschrieben. Die Zertifizierung hat vier Stufen (Level D bis A). Für die aktuellen Zulassungsvoraussetzungen und Kosten wird auf die Homepage von IPMA verwiesen.

PRINCE2 ist ein prozessbasierter Projektmanagementansatz und wird vor allem in der IT-Branche eingesetzt. Anhand eines Projektmodells werden Empfehlungen für jede Projektphase ausgesprochen. Auch die PRINCE2-Zertifizierungen können auf unterschiedlichen Ebenen erworben werden. Für die aktuellen Zulassungsvoraussetzungen und Kosten wird auf die Homepage von PRINCE2 verwiesen.

10.3. Selbstentwicklung

Durch persönlichkeitsfördernde Maßnahmen können Projektleiter ihre Fähigkeiten trainieren, sowohl das Verhalten von anderen Menschen zu verstehen als auch zu erkennen, wie das eigene Verhalten von anderen Menschen verstanden wird. Wir werden hier auf zwei unterschiedliche Methoden eingehen, die sich mit der eigenen Entwicklung auseinandersetzen. Erstens handelt es sich um die sogenannten Joharifenster. Das ist eine Methode, die Beziehung zwischen der eigenen Person und anderen Menschen besser zu verstehen. Zweitens handelt es sich um Feedback. Eine durchaus einfache, aber sehr effektive Vorgehensweise, um klarer kommunizieren zu können.

10.3.1. Joharifenster

Bei dem Joharifenster handelt es sich um ein psychologisches Modell, welches dazu dient, besser zu verstehen, wie man von den anderen Projektteammitgliedern verstanden wird. Ziel des Joharifensters ist es also, den Unterschied zwischen Fremd- und Selbstwahrnehmung zu verringern. Es gibt vier unterschiedliche Joharifenster:

Öffentlich

In dem öffentlichen Bereich befinden sich alle Informationen über eine Person, wie z. B. Werte, Verhaltensmuster, Gefühle, Ansichten und Fähigkeiten, die sowohl für die eigene Person als auch für andere bekannt sind. Im Normalfall ist dies der Bereich, in welchem eine offene und direkte Kommunikation stattfindet.

Geheim

In dem geheimen Bereich finden wir alle Informationen über uns selbst, von denen wir zwar selbst wissen, die wir aber nicht mit anderen teilen. Viele von unseren wahren Gefühlen und Ansichten behalten wir für uns. Das kann taktische Gründe haben, beispielsweise, wenn wir unseren Vorgesetzten nicht mitteilen, dass wir mit den Arbeitsbedingungen unzufrieden sind, weil er dann wahrscheinlich verstehen würde, dass wir uns woanders bewerben möchten. Es kann auch persönliche Gründe haben, da wir uns für einige unsere Persönlichkeitsmerkmale schämen.

Unbekannt

In dem unbekannten Bereich sind Informationen über uns versteckt, die weder wir selbst noch andere über uns kennen. Es handelt sich zum Beispiel um versteckte Talente oder verborgene Gefühle.

Blinder Fleck

Der blinde Fleck ist der Problembereich. Hier finden wir Informationen und Signale über unsere eigene Person, die andere über uns verstanden haben, die uns selbst aber unbekannt sind. Das kann zum Beispiel vorkommen, wenn wir etwas sagen, was von dem Gesprächspartner falsch verstanden wird. Oder wenn wir versuchen unsere Gefühle zu zeigen, aber diese von einer anderen Person falsch wahrgenommen werden. Dieses Fenster kann schnell zu einem Problem werden, da es sich hier um Signale und Informationen über uns handelt, die wir nicht unter Kontrolle haben, weil wir sie selbst anders verstanden oder wahrgenommen haben.

Den blinden Fleck verringern

Da uns der blinde Fleck solche Probleme bereiten kann, empfehlt es sich, dieses Joharifenster möglichst zu verringern und sehr klein zu halten. Die Vorgehensweise, um den blinden Fleck zu verringern, besteht darin, dass wir Feedback zu unserem eigenen Verhalten und Signale von anderen erhalten. Das hilft uns dabei zu verstehen, wie wir von anderen wahrgenommen werden und verringert daher den für uns unbekannten Teil, da wir den blinden Fleck in den öffentlichen Bereich umwandeln. Sollten wir nicht genug Feedback erhalten, müssen wir selbst aktiv werden und danach fragen. Bevor man versucht, das eigene Verhalten zu ändern, lohnt es sich, den blinden Fleck möglichst zu verringern. Ansonsten besteht die Gefahr, dass wir uns viel Mühe geben, die falschen Bereiche zu ändern. In den nächsten Abschnitten wird ausführlich auf das Thema Feedback eingegangen.

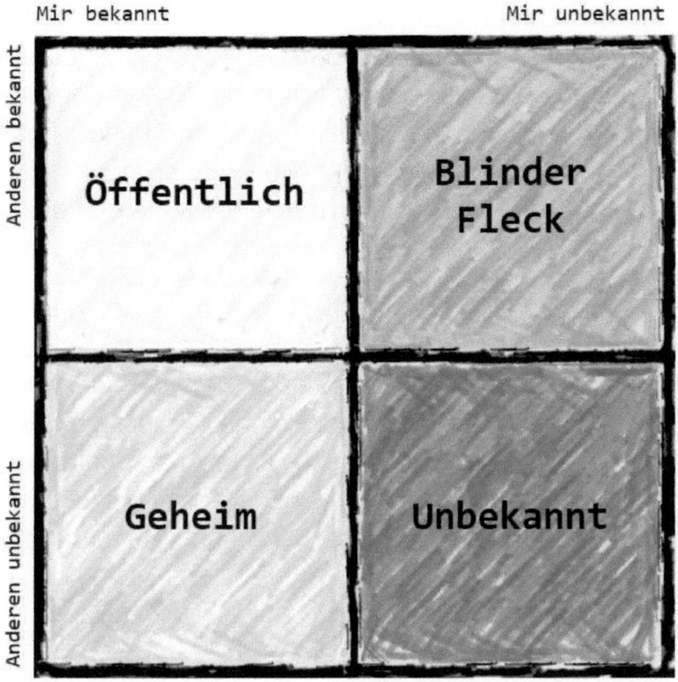

Abbildung 28: Joharifenster

10.3.2. Feedback geben

Feedback zu geben ist immer ein heikles Thema. Wenn das Feedback falsch ankommt oder persönlich wahrgenommen wird, besteht eine große Gefahr, dass Konflikte entstehen oder die Beziehung darunter leidet. Um die Gefahr zu verringern, dass das Feedback falsch verstanden wird, muss man sich an zwei Grundregeln halten. Man gibt nur Feedback darüber, wie die andere Person sich objektiv verhalten und wie man darauf reagiert hat. Wer versucht zu interpretieren, was in der anderen Person vorgeht (Gefühle, Absichten oder Gedanken), bewegt sich schnell auf dünnem Eis. Um sicherzustellen, dass man nur über die eigene Reaktion auf das Verhalten der anderen Person spricht, nutzt man gerne sogenannte Ich-Botschaften. Das sind neutrale Aussagen, in denen man einer anderen Person die eigenen Gefühle übermittelt.

Eine Ich-Botschaft besteht immer aus vier Teilen. Erstens enthält sie eine objektive Beschreibung über das Verhalten der anderen Person, auf das sich das Feedback bezieht. Es ist dabei wichtig, alle subjektiven Annahmen wegzulassen, wie z. B. was man denkt, was die andere Person damit gemeint hat. Das sind Sachen, die im Kopf des anderen geschehen und die man nicht mit Sicherheit wissen kann.

Zweitens beschreibt man die Gefühle und die Reaktion, die bei einem selbst durch das oben beschriebene Verhalten entstanden sind. Es handelt sich dabei um die eigenen Gefühle. Erstens kann man nicht mit Sicherheit wissen, welche Gefühle der andere dabei hatte, und zweitens kann der andere nicht den eigenen Eindruck und die eigenen Gefühle abstreiten. Die Gefühle sind entstanden, und daran kann der andere nichts ändern.

Drittens folgt eine Beschreibung, welchen Effekt und welche Konsequenzen das Verhalten des anderen hatte. Es ist wichtig, die konkreten Auswirkungen des Verhaltens anzusprechen, damit für alle Beteiligte klar wird, wie man diesbezüglich Feedback gibt und was (noch mal) passiert, wenn das Verhalten wiederholt wird.

Viertens muss man mitteilen, welches Verhalten man künftig stattdessen wünscht. Ohne diesen Teil ist das Feedback nutzlos, da es sich ohne Möglichkeit zu Veränderung nicht mehr um konstruktives Feedback handelt, sondern eher um Herumnörgeln.

10.3.3. Feedback erhalten

Feedback zu erhalten ist nicht immer so einfach. Viele Menschen reagieren darauf mit Herzklopfen und Gedankenkarussellen, schon bevor das Feedback tatsächlich begonnen hat. Es kommt leicht dazu, dass man mit Ärger oder Zurückweisung reagiert. Manche gehen auch so weit, dass sie auf Gegenangriff umstellen. Allerdings gibt es wenige Momente, in denen man so viel über sich selbst lernen kann wie bei einem aufrichtigen und konstruktiven Feedback. Solche Momente werden heute leider nur selten beobachtet. Umso wertvoller wird auch das Feedback. Wer sich ernsthaft mit Selbstentwicklung beschäftigen möchte, findet keinen Weg am Feedback vorbei. Das heißt, wer nicht genug Feedback für seine eigene Entwicklung erhält, muss aktiv werden und danach fragen. Jedes Mal, wenn wir vermeintliches Feedback erhalten, sollten wir uns zuerst überlegen, ob es sich um konstruktives Feedback oder um Kritik handelt. Feedback hat immer den Ausgangspunkt, wie der Feedbackgeber die Situation für sich verstanden hat, und er teilt dies mit, damit man an seinen Stärken und

Schwächen arbeiten kann. Demgegenüber steht die Kritik. Bei Kritik handelt es sich um die Bewertung eines Verhaltens oder einer Person, nicht um die objektive Handlung. Kritik kann man zur Kenntnis nehmen, man muss sie aber nicht weiter beachten. Es gibt auch keinen Grund, sich über Kritik aufzuregen. Dann würde man als Projektleiter sehr viel Zeit damit verbringen, sich aufzuregen. Bei Feedback sollte man sich immer daran erinnern, dass es sich um die Eindrücke einer anderen Person handelt. Diese können nicht falsch sein. Sie sind so, wie sie sind, und der Feedbackgeber ist freundlich genug, sich die Zeit zu nehmen, diese Eindrücke mitzuteilen. Sehr wichtig ist auch, dass man selbst entscheidet, was man dem Feedback entnimmt und umsetzt. Genauso wie man die Eindrücke des Feedbackgebers nicht infrage stellen kann, hat der Feedbackgeber auch keinen Anspruch darauf, dass man etwas an der eigenen Persönlichkeit oder dem Verhalten ändert, wenn man nicht selbst damit einverstanden ist.

Es gibt ein paar allgemeine Tipps zu beachten, wenn es darum geht, Feedback zu erhalten. Wer wie oben beschrieben mit Herzklopfen und Gedankenkarussellen reagiert, sollte zuerst versuchen, einen Gedankenstopp einzulegen und sich daran zu erinnern, dass Feedback etwas Positives ist. Man muss dem Feedbackgeber aufmerksam zuhören, ohne zu unterbrechen und dabei versuchen zu verstehen, ob es sich um Feedback oder um Kritik handelt. Man sollte sich immer für Feedback bedanken, um die Chancen zu erhöhen, noch einmal

Feedback zu bekommen. Wer nicht alles verstanden hat, sollte aktiv nachfragen. Es lohnt sich oft auch, später nach Rückkopplung zu fragen, falls man sich dafür entschieden hat, etwas aus dem Feedback umzusetzen.

Auf der Feedbacktreppe kann man die eigenen Antworten auf das Feedback überprüfen und einstufen. Je höher man auf der Treppe kommt, desto größer ist der Nutzen, den man dem Feedback entnehmen kann.

- Die erste und niedrigste Stufe ist das Abstreiten. Das Abstreiten der Eindrücke einer anderen Person ist sinnlos. Die Person hat die Situation so verstanden, wie sie diese verstanden hat, und daran kann man nichts ändern. Auch wenn die Person falsch liegt, hat sie die Situation in dem Moment falsch verstanden und es steht ihr zu, ihre (falschen) Eindrücke zu äußern.
- Die zweite Stufe ist das Verteidigen. Genau wie bei der ersten Stufe ändert sich nichts an den Eindrücken, die bei der anderen Person in dem Moment entstanden sind wenn wir versuchen, uns zu rechtfertigen.
- Die dritte Stufe ist das Erklären. Auch Erklärungen ändern nichts an den entstandenen Eindrücken des Feedbackgebers und machen es ihm nur schwerer, das Feedback offen und ehrlich abzuschließen.
- Die vierte Stufe ist das Verstehen. Wenn man versucht, zu verstehen, wieso diese Eindrücke

in dem Moment und in der Situation bei dem Feedbackgeber entstanden sind, hat man viel gewonnen. Mit dieser Erkenntnis kann man selbst aktiv und aus eigenem Willen entscheiden, ob man auf die nächste Stufe aufsteigen möchte.

- Die fünfte Stufe ist die Veränderung. Wenn man die Situation verstanden und sich dafür entschieden hat, dass man künftig einen anderen Eindruck hinterlassen möchte, kann man anfangen, an seinem Verhalten und seiner Persönlichkeit zu arbeiten.

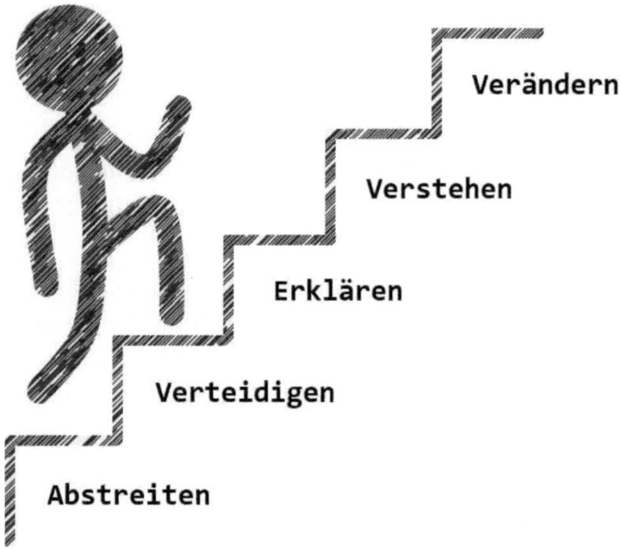

Abbildung 29: Feedbacktreppe

10.4. Resilienz

Unter Resilienz versteht man eine psychologische Eigenschaft, die man mit der Federung eines Autos vergleichen kann. Wenn man über ein Hindernis fährt, drückt sich die Federung zusammen, nimmt aber, sobald die Straße wieder eben ist, seine ehemalige Form wieder an. Das heißt, Resilienz ist die persönliche Eigenschaft, sich zu erholen und zum Ausgangspunkt zurückkehren zu können, nachdem man mit schwierigen Bedingungen konfrontiert wurde. In den nächsten Abschnitten wird auf unterschiedliche Ansätze eingegangen, um die eigene Resilienz stärken zu können. Dies ist für einen Projektleiter sehr wichtig, da er sich oftmals in stressigen Situationen wiederfindet und schwierige Entscheidungen treffen muss, die anschließend gegenüber dem Projektteam und dem obersten Management verantwortet werden müssen.

Wichtig ist daran zu denken, dass man nicht automatisch immun gegen Stress oder Belastungen wird, wenn man seine Resilienz stärkt. Es geht vielmehr darum, wie man mit diesen Reaktionen und Auswirkungen umgeht. Viele der Verhaltensweisen und Gedankenmuster, die mit Resilienz verknüpft werden, können erlernt werden. Dies benötigt aber Zeit, Geduld und Ausdauer.

Erstens kann es sehr hilfreich sein, wenn man sich mit anderen Personen in ähnlichen Situationen zu den aktuellen Erfahrungen und Situationen austauscht. Dadurch kann man sehen, dass auch andere

Projektleiter mit ähnlichen Schwierigkeiten konfrontiert sind und die eigenen Erlebnisse und Eindrücke auch unter anderen Projektleitern häufig anzutreffen sind. Projektleiter fühlen sich oft mit ihren Problemen und Entscheidungen allein gelassen. Daher sollte man sich als Projektleiter aktiv dafür einsetzen, dass man dieser Isolierung entgegenwirkt, z. B. durch eine unternehmensinterne Projektleiterrunde.

Um die eigene Widerstandsfähigkeit zu stärken hilft es im Allgemeinen auch, wenn man sich um sich selbst kümmert. Dazu gehört, dass man sich gesund ernährt, viel Sport treibt und ausreichend schläft. Sport hilft auch gut gegen Stressreaktionen. Viele Projektleiter fangen inzwischen gerne mit Kampfsportarten (z. B. Selbstverteidigung oder Boxen) an, da es einen dazu zwingt, die Gedanken auf der Arbeit zu lassen und sich auf den Trainingspartner zu konzentrieren. Andere empfinden Yoga, Buteyko oder Mindfulness als hilfreiche Methoden, um sich zu entspannen und wieder neue Energie zu tanken. Noch wichtiger ist es, dass man nicht versucht, die Stressreaktionen des Körpers zu unterdrücken, z. B. mit Alkohol oder Nikotin.

Um die eigene Resilienz weiter auszubauen, kann man akzeptieren, dass man nur an den eigenen Gedanken und dem eigenen Verhalten arbeiten kann. Wie sich andere Menschen verhalten oder wie sie reagieren, kann man nur bedingt beeinflussen. Solange wir selber mit unseren Leistungen und Entscheidungen zufrieden sind, müssen wir hinnehmen, dass andere anderer Meinung sein könnten. Dabei sollten wir auch akzeptieren und verinnerlichen, dass wir in einer veränderlichen Welt leben und ständig mit Veränderungen und unerwarteten Ereignissen konfrontiert werden. Daher müssen wir ständig überprüfen, ob unsere persönlichen Ziele noch Sinn ergeben oder ob wir diese neu gestalten müssen.

10.5. Zusammenfassung

Die Selbstentwicklung beruht auf Selbsteinsicht. Diese kann beispielsweise durch das Joharifenster oder Feedback erstellt werden. Die beiden Methoden dienen grundsätzlich der Persönlichkeitsentwicklung des Projektleiters.

Es gibt eine große Vielfalt an Fortbildungsmöglichkeiten für Projektleiter. Bevor man eine Fortbildung beginnt, sollte man darüber nachdenken, was der Zweck und das Ziel der Fortbildung sein sollte und entsprechend nach individuell passenden Fortbildungsmöglichkeiten suchen.

11. Virtuelle Projektteams

Die Globalisierung, Outsourcing, standortunabhängige Personalgewinnung und neue technologische Möglichkeiten führen dazu, dass sich Projektteams häufig nicht nur an einem Standort befinden, sondern über die gesamte Welt verteilt sein können. Ein virtuelles Projektteam hat die gleiche Aufgabe und das gleiche Ziel wie ein Face-to-Face-Projektteam – das Projekt voranzubringen. Der Unterschied besteht darin, dass die virtuellen Projektteams über unterschiedliche Standorte verteilt sind und sich gegebenenfalls nie physisch treffen. Das führt zu gewissen Herausforderungen, auf die in den nächsten Abschnitten näher eingegangen wird.

11.1. Herausforderungen

Ein Projektleiter wird sich heute mit großer Wahrscheinlichkeit mit virtuellen Projektteams in seiner Karriere auseinandersetzen müssen. Viele der psychologischen Aspekte, welche in den bisherigen Kapiteln besprochen wurden, verändern sich in virtuellen Teams. Gruppennormen sind schwieriger zu kontrollieren, die Bedeutung von ersten Eindrücken und oberflächlichen Beziehungen nehmen zu, das Konfliktpotenzial nimmt dafür im Normalfall ab, da der persönliche Aspekt eines Konflikts reduziert wird und viele Aspekte der Gruppenrollen nicht mehr so funktionieren, wie gewohnt. Insbesondere die kommunikationsorientierten Rollen wie Teamarbeiter (die Belbin Rolle) können sich nicht ohne den menschlichen Kontakt entfalten und agieren.

11.1.1. Kommunikation

Ein Großteil der menschlichen Kommunikation erfolgt nicht-verbal. Es handelt sich z. B. um Gesichtsausdrücke, Körpersprache und Haltung. Das bedeutet unter anderem, dass es schwieriger ist, Konflikte zu erkennen, wenn man seinem Gesprächspartner nicht direkt gegenübersitzt, sondern hauptsächlich per E-Mail kommuniziert. Die subtilen und feinen Nuancen im Gesicht und in der Stimme, die uns erkennen lassen, was die Person (wahrscheinlich) tatsächlich fühlt, fehlen oft in der Fernkommunikation.

Wenn die Kommunikation hauptsächlich per E-Mail stattfindet neigt man dazu, viele davon zu benutzen. Da sich die Wichtigkeit, die Priorität und der Zusammenhang zum gemeinsamen Ziel nicht immer sofort erkennen lassen, kann es dazu führen, dass wichtige Aufgaben untergehen oder nicht ausreichend priorisiert werden.

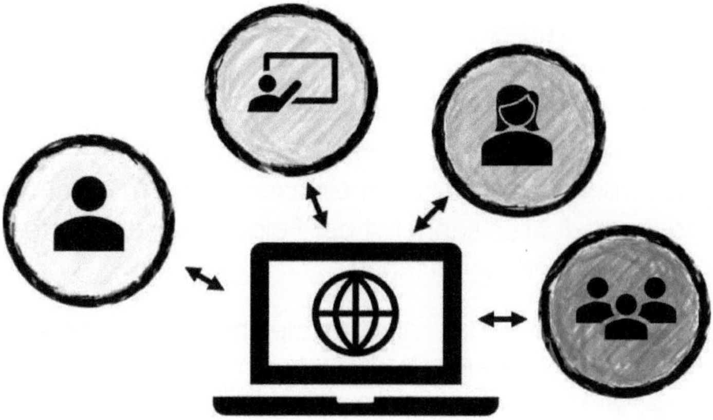

Abbildung 30: Virtuelles Projektteam

Der Grund für virtuelle Projektteams ist häufig ein zu großer physischer Abstand zwischen den Teammitgliedern. Das Projektteam könnte über die ganze Welt verteilt sein. Dadurch erhöht sich auch die Wahrscheinlichkeit, dass man unterschiedliche kulturelle Hintergründe oder unterschiedliche Muttersprachen im Team hat. Außerdem kann es sein, dass sich das Team über mehrere Zeitzonen verteilt. Wer mit Personen kommuniziert, die unterschiedliche kulturelle Hintergründe haben und außerdem nicht in ihrer Muttersprache kommunizieren dürfen, erlebt ein höheres Risiko für Missverständnisse. Das liegt unter anderem an den unterschiedlichen Akzenten, Wortschätzen, Sprichwörtern und idiomatischen Ausdrücken sowie dem etablierten Jargon. Wenn die Teilnehmer sich zusätzlich in unterschiedlichen Zeitzonen befinden und mit bis zu 12 Stunden

Unterschied arbeiten, lassen sich Besprechungen nicht auf die gleiche Art und Weise in den Tagesablauf integrieren. Gegebenenfalls müssen sich Teammitglieder auf Meetings außerhalb der gewöhnlichen Arbeitszeiten einlassen, was zu Irritation und Stress führen kann, mit der Folge einer reduzierten Kommunikationsbereitschaft.

In einem Team, das sich im gleichen Flur befindet, lassen sich viele Kleinigkeiten klären, indem man kurz vorbeigeht und das Thema in ein paar Minuten spontan klärt. Diese Flurmeetings oder Spontanmeetings werden schwieriger und umständlicher durchzuführen, wenn das Team virtuell arbeiten muss, lassen sich aber teilweise durch den Einsatz von Teamsoftwares ersetzen. Teamchats können jedoch nur die Spontanmeetings ersetzen, wenn ein tatsächliches Anliegen eines der Teammitglieder dazu anregt, sich bei einem anderen Teammitglied zu melden.

11.1.2. Vertrauen

Die grundlegenden Probleme bei der Arbeit in virtuellen Teams, die Mengen an sozialen Eindrücken, die Unklarheiten bezüglich der Teamrollen, das Risiko für Missverständnisse sowie der Mangel an Information beziehungsweise Kommunikation führen dazu, dass der Projektleiter seinen Mitarbeitern viel mehr als bei traditionellen Teams vertrauen muss.

Ein Rückblick auf die Phasen der Teamentwicklung: In der ersten Phase, der Kennenlernenphase, ist das Vertrauen einigermaßen hoch. Alle sitzen im gleichen

Boot, und auch, wenn man die anderen Teilnehmer noch nicht so gut kennt, nehmen die meisten Menschen an, dass sie aus einem guten Grund für das Team ausgesucht wurden. Daher wählt man in dieser Phase, dem Team zu vertrauen. Danach kommt die Kampfphase, in welcher die Konflikte und Verhaltensunterschiede ausgetragen werden. In einem virtuellen Team ist es für den Projektleiter viel schwieriger, das Team in dieser Phase zu unterstützen. Das liegt daran, dass die Kommunikation erschwert ist und die sozialen Signale zu einem Großteil fehlen. Da es unter diesen Umständen schwieriger ist, das Vertrauen, das in dieser Phase verloren geht wieder aufzufangen, ist es wichtig, dass so viel Vertrauen wie möglich aus der ersten Phase erhalten bleibt.

Dieses Vorhaben kann dadurch unterstützt werden, dass der Projektleiter deutlicher als in einem traditionellem Projektteam darauf hinweist, welche Kompetenzen und Erfahrungen die unterschiedlichen Mitarbeiter mitbringen und wieso sie für das Projektteam ausgewählt worden sind. Das Verständnis für diesen Aspekt wird normalerweise in der Kampfphase entwickelt. Es ist aber schwieriger für die Teammitglieder, dies allein herauszufinden, wenn sie sich nur unter formalen und geregelten Formen – wie z. B. lange im Voraus ausgemachten Videokonferenzen – treffen. Des Weiteren sollte der Projektleiter die Ziele und den Zweck des Projektteams deutlich kommunizieren, damit die Teammitglieder besser verstehen, welchen Beitrag die einzelnen Projektteammitglieder leisten.

Ein Aspekt, der in virtuellen Teams verloren geht und auch in traditionellen Teams beim Aufbau von Vertrauen unterstützend wirkt, ist das Besprechen von Themen außerhalb der Arbeit. Das liegt daran, dass die spontanen Gespräche, die an der Kaffeemaschine stattfinden, keinen natürlichen Platz mehr finden. Nur wenige Mitarbeiter rufen über den Teamchat einen fast unbekannten Kollege an, um zu erzählen, was die Kinder gestern Abend gemacht haben. Der Projektleiter kann hier gegensteuern, indem er ein paar Minuten zu früh zu den Videokonferenzen erscheint und dadurch eine Plattform erstellt, bei welcher informelle und persönliche Themen besprochen werden können.

Vertrauen in traditionellen Projektteams wird auch dadurch gefördert, dass die Teammitglieder die Arbeit und den Beitrag der Kollegen erleben. Dieser Aspekt verschwindet teilweise in virtuellen Projektteams. Dies kann aber durch den Projektleiter gefördert werden, indem er den Mitgliedern mehr Verantwortung überträgt und sie dafür zuständig sind, ihre eigene Arbeit und Ergebnisse in den Meetings vorzustellen. Delegieren ist also eine sehr wichtige Eigenschaft für den Projektleiter, um Vertrauen innerhalb eines virtuellen Projektteams zu schaffen.

11.1.3. Produktivität

Unter Produktivität wird die Fähigkeit verstanden, auf einem hohen Niveau über einen längeren Zeitraum zu funktionieren und hervorragende Ergebnisse zu liefern. Das bedeutet für ein Projektteam, dass es ein Projekt rechtzeitig und innerhalb des vorgegebenen Budgets so abschließt, dass auch die Bedürfnisse der Stakeholder möglichst befriedigt werden.

Der Bedarf an Produktivität und Zielerreichung ist natürlich genauso hoch wie in traditionellen Projektteams. An den Anforderungen an der tatsächlich erbrachten Leistung ändert sich grundsätzlich nichts, nur die Voraussetzungen, diese Leistung zu erbringen, haben sich in einem virtuellen Team geändert. Voraussetzung für eine hohe Produktivität eines virtuellen Projektteams ist, dass die anderen Herausforderungen, die in diesem Kapitel beschrieben werden, angegangen werden.

In Face-to-Face-Meetings fällt sehr schnell auf, wer sich nicht auf die angesprochene Thematik konzentriert, sondern sich gedanklich woanders befindet. Bei Telefonkonferenzen können die Teilnehmer sich deutlich größere Freiheiten nehmen, da sie nicht ständig unter ‚Beobachtung' in der Gruppe stehen. Außerdem sitzen sie meistens vor dem eigenen Laptop, und das lädt natürlich dazu ein, zwischendurch die E-Mails zu lesen, gelegentlich eine E-Mail zu schreiben oder etwas im Web nachzulesen. Man kann sich, ohne, dass es auffällt, einen Kaffee holen oder sonstige Aufgaben während des Meetings parallel durchführen. Das hat Auswirkungen auf die Produktivität und die Kommunikation, wenn das Projektteam sich nicht auf die Meetings konzentriert. Diesem Phänomen kann auch dadurch vorgebeugt werden, dass man auf kürzere, aber häufigere Meetings umstellt.

11.1.4. Technische Herausforderungen

Es gibt zudem eine Reihe an technischen Problemen, die überwunden werden müssen. Kurz über den Flur gehen, um etwas zu klären, geht nicht mehr. Für jedes Anliegen muss eine Terminumfrage erstellt werden. Wenn man sich auf einen Termin geeinigt hat, hat meistens jemand Probleme damit, sich in das Videokonferenzsystem einzuwählen oder zu verbinden. Mal funktioniert das Audio nicht, mal ist das System so ausgelastet, dass die Videoübertragung nicht funktioniert, mal kann einer den geteilten Bildschirm nicht sehen.

Kompatibilität ist auch ein großes Thema, wenn über die Zusammenarbeit von virtuellen Teams gesprochen wird. Wer elektronische Dokumente standort- und organisationsübergreifend teilt, muss sicherstellen, dass diese auch bei den Kollegen so erscheinen wie auf dem eigenen Bildschirm. Das ist nicht immer gegeben, aber es gibt unterschiedliche Lösungsansätze, wie z. B. Portable Document Formats oder Cloud Computing-Lösungen, die ein einheitliches Aussehen der Dokumente an unterschiedlichen Arbeitsplätzen fördern. Es muss im Einzelfall bewertet und entschieden werden, welche Lösungen für das eigene Projekt und das eigene virtuelle Team am Ende eingerichtet werden. Wichtig für den Projektleiter ist es, mitzunehmen, dass dieses Thema angesprochen und geklärt wird, damit die Zusammenarbeit reibungslos funktionieren kann und kein Frust aufgrund fehlender technischer Unterstützung entsteht. Es sollte auch sichergestellt sein, dass alle projektrelevanten Dokumente und Dateien in der jeweils aktuellen Fassung für das virtuelle Projektteam immer auffindbar sind. Es gibt hierfür eine Vielzahl an Fileshare- und Cloud-Lösungen, die infrage kommen könnten.

Auch wenn das Projekt – falls man es in einem traditionellen Team betrieben hätte – nicht groß genug gewesen wäre, um den Einkauf einer Lizenz für eine Projektmanagementsoftware zu rechtfertigen, sollte man sich überlegen, diese Investition für ein virtuelles Team zu tätigen. Da es in einer virtuellen Umgebung schwieriger ist, komplexe Sachverhalte wie Projektstrukturpläne, Netzwerkanalysen oder Gantt Charts zu vermitteln, kann es durchaus sinnvoll sein, dass alle im Projektteam die gleichen Dateien und Informationen direkt in einer Software einsehen können. Es gibt auch eine Auswahl an Projektmanagement-Softwarelösungen, die auf virtuelle Teams ausgerichtet sind, in denen mehrere Teammitglieder gleichzeitig die Projektstrukturpläne und Gantt-Charts bearbeiten können. Welche Software im Einzelfall vorzuziehen wäre, muss entschieden werden, nachdem die Anforderungen des Projektes und des Teams analysiert worden sind.

11.1.5. Die Bedeutung von persönlichem Kontakt

Damit ein Teamgefühl entsteht und das Team sich wie im Kapitel über die Teamrollen in Richtung eines Hochleistungsteams entwickeln kann, sind Faktoren über die gemeinsame Arbeit hinaus wichtig. Um die Zugehörigkeit und die Teamidentität entstehen zu lassen, braucht es viele Kleinigkeiten, wie z. B. gemeinsam einen Kaffee trinken, sich auf den Weg zur U-Bahn begleiten, gemeinsame Mittagspause machen und ähnliches. Teambuildingaktivitäten eignen sich grundsätzlich schlecht für eine emailbasierte Kommunikation.

Es sollte nicht unterschätzt werden, wie wichtig die informellen und spontanen Meetings an der Kaffeemaschine sind. Man muss nicht erst virtuelle Teams schaffen, um diesen Effekt beobachten zu können. Auch wenn Kollegen über unterschiedliche Stockwerke verteilt arbeiten, können die negativen Effekte eines Mangels an Spontanmeetings beobachtet werden. Das ist kein Grund, auf virtuelle Teams zu verzichten, aber der Projektleiter sollte sich bewusst sein, welchen immensen Effekt der persönliche Kontakt auf die Zusammenarbeit in einem Team hat. Wer also mit virtuellen Projektteams arbeitet, muss aktiv sein, um Plattformen zu schaffen, damit diese Art von Kommunikation und Interaktion möglichst gefördert wird.

11.2. Handlungsempfehlungen

Um den Produktivitätsanforderungen unter den genannten Herausforderungen nachzukommen, müssen gewisse Rahmenbedingungen für die Führung und Arbeit in virtuellen Teams betrachtet werden. In den nächsten Abschnitten werden einige unterschiedliche Lösungsansätze besprochen, die bei der Gestaltung der Zusammenarbeit in virtuellen Teams herangezogen werden können.

11.2.1. Struktur

Da virtuelle Teams leicht in einer E-Mailflut verloren gehen und dabei die Gesamtheit des Projekts aus den Augen verlieren können, empfiehlt es sich, regelmäßige Jour Fixe und Meetings mit dem Team abzuhalten, bei denen immer der aktuelle Stand und das Ziel vor Augen geführt werden. Dadurch kann den Teammitgliedern immer wieder die Richtung aufgezeigt werden. Außerdem muss den Teammitgliedern gezeigt werden, wie das Team in den Gesamtkontext passt, wie die einzelnen Mitglieder zum Ziel beitragen können und welche Rolle sie im Team haben.

Die Überwachung und Kontrolle des Vorgesetzten oder des Projektleiters kann in virtuellen Teams nur sehr schlecht durchgeführt werden. Daher muss sich der Projektleiter daran gewöhnen, dass er den individuellen Arbeitsprozess nur sehr schlecht beeinflussen kann. Er kann sich nicht auf die Gestaltung der Arbeit und die Tätigkeiten konzentrieren, sondern muss sich in erster Linie mit den Ergebnissen auseinandersetzen. Wenn das Ergebnis einer Aufgabe gut ist, muss davon ausgegangen werden, dass der Arbeitsprozess ausreichend gut war. Projektleiter, die es schwierig finden, zu delegieren und zu Mikromanagement neigen, werden sich mit der Führung von virtuellen Projektteams sehr schwertun.

Bei der Schaffung einer Arbeitsstruktur für ein virtuelles Team müssen Deadlines gegebenenfalls auch über unterschiedliche Zeitzonen, Ferienzeiten und Feiertage koordiniert werden. Wenn eine Deadline eingerichtet wird, muss deutlich kommuniziert werden, nach welcher Zeitzone sich diese richtet. Außerdem muss der Projektleiter daran denken, dass Teile des Teams gegebenenfalls einen Tag weniger zur Verfügung haben, wenn die Deadline unglücklich gewählt wird.

Der Projektleiter sollte auch überlegen, ob er asynchrone Meetings für ein virtuelles Team, das sich über mehrere Zeitzonen verteilt, einführt. Asynchrone Meetings sind solche, an denen die Teilnehmer nicht gleichzeitig teilnehmen. Traditionell gesehen handelt es sich also nicht um ein Meeting. Aber für die virtuelle Zusammenarbeit, wenn die Teammitglieder bis zu 12 Stunden versetzt arbeiten, muss sich der Projektleiter überlegen, ob er eine Ausnahme macht und asynchrone Meetings einführt. Sie laufen so ab, dass eine Tagesordnung und Diskussionspunkte zusammen mit den Kommentaren des Projektleiters in einer geeigneten Cloud-Lösung oder Teamchat-Software abgelegt werden. Dann erhalten die Teammitglieder einen bestimmten Zeitraum – beispielsweise 24

Stunden –, um sich mehrmals einzuloggen und ihre Kommentare abzugeben. Je nachdem, wie die ‚Diskussion' verläuft, können die eigenen Kommentare gelöscht oder ergänzt werden. Asynchrone Meetings benötigen eine Moderation. Einige erstellen pro Antwort mehrere Seiten Text, andere weichen vom Thema ab usw. Daher muss der Projektleiter sich häufiger bei einem asynchronen Meeting einloggen und den Teilnehmern gegebenenfalls die richtige Richtung weisen.

So, wie der Projektleiter sich darum kümmern würde, dass Face-to-Face-Meetings geregelt und strukturiert ablaufen, muss der Projektleiter sich auch darum kümmern, dass auch Rahmenbedingungen und Verhaltensregeln für virtuelle Meetings und die virtuelle Kommunikation erstellt und implementiert werden. Es werden Richtlinien benötigt, die regeln, wie E-Mail-Betreffs angegeben werden, wann alle in Kopie gesetzt werden, welche Länge die Antworten im Normalfall haben sollten, welche Anreden genutzt werden sollten und ähnliches. Bei Videokonferenzen lohnt es sich, ähnliche Richtlinien zu etablieren, wie z. B. immer die Kamera einschalten, stummschalten, wenn man gerade nicht spricht, das ‚Hand heben-Symbol' verwenden, wenn man etwas sagen möchte usw. Die genaueren Richtlinien muss der Projektleiter im Einzelfall ausarbeiten. Bei dieser Ausarbeitung ist es auch wichtig, die Teammitglieder mit einzubeziehen, damit man zusammen an den Gruppennormen arbeiten kann.

11.2.2. Technische Hilfsmittel

Um ein wenig soziale Interaktion in einem virtuellen Team zu erhalten, lohnt es sich, wann immer möglich, Videokonferenzen für die Kommunikation zu nutzen. Die anderen Teammitglieder wenigstens per Videoübertragung zu sehen ist besser als eine rein textbasierte Kommunikation per E-Mail. Die Videoübertragung trägt auch dazu bei, dass die Teammitglieder sich eher auf das Meeting konzentrieren als auf andere Aufgaben. Um die Fokussierung auf die Tagesordnung in den Meetings zu sichern, bietet es sich an, die Teammitglieder aktiv in das Meeting einzubinden und ihnen viele Möglichkeiten zu geben, sich zu äußern.

Es ist heutzutage auch möglich, einen gewissen Teil der Spontanmeetings durch einen Teamchat zu ersetzen. Wer nicht bei den Kollegen vorbeilaufen kann, um kurz ein Anliegen zu klären, kann über eine Teamchat-Software eine Nachricht schreiben und in Realzeit eine Antwort erhalten. Viele Teamchat-Softwareprogramme bieten auch die Möglichkeit zur spontanen Videotelefonie. Für Teams, die nicht mit allzu großer zeitlicher Versetzung arbeiten, kann dies ein sehr hilfreiches Mittel darstellen.

Für moderne Unternehmen bietet es sich zwar im Allgemeinen an, aber insbesondere für virtuelle Teams ist es unabdingbar, dass Geschäftsinformationen überall zur Verfügung stehen. Es gibt jede Menge technische Aspekte zu beachten – die Funktionalität der Software, Anschaffungs- und Betriebskosten als auch IT-Sicherheitsgedanken –, auf die hier nicht näher eingegangen wird. Damit die zur Verfügung stehenden Tools auch in der Praxis vom Team verwendet werden, ist es von höchster Bedeutung, dass die ausgewählten Systeme nutzerfreundlich sind und reibungslos funktionieren.

Es ist ein sehr einfacher und absehbarer Hinweis, aber die praktische Erfahrung zeigt, dass er trotzdem gerne übersehen wird: Der Projektleiter sollte sicherstellen, dass das Projektteam mit den technischen Hilfsmitteln umgehen kann. Das beste Videokonferenzsystem der Welt bringt nichts, wenn das Projektteam es nicht bedienen kann. Die Investition in eine teure Software erhält man nur zurück, wenn man auch die notwendige Zeit investiert, um sich die Bedienung anzueignen.

11.2.3. Transparenz

Um unerkannten Konflikten vorzubeugen, hilft es, häufiger aktiv nachzufragen, ob es offene Themen oder Probleme gibt, die geklärt werden müssen. Es lohnt sich auch, regelmäßige, informelle Einzelgespräche mit den Projektteammitgliedern zu führen, damit sie sich eher trauen, Konfliktthemen anzusprechen.

Um die kulturellen Unterschiede und Sprachbarrieren zu überbrücken, hilft eine offene und direkte Kommunikation. Wer etwas nicht verstanden hat und Fragen zu einem Verhalten hat, muss dies ansprechen. In virtuellen Teams verschwinden solche Unterschiede nicht von allein. Sie müssen offen und transparent besprochen werden, damit das Team ein gemeinsames Verständnis für die Zusammenarbeit entwickelt. Gegebenenfalls können kulturelle Unterschiede ein geeignetes Thema für eine Fortbildung darstellen.

Des Weiteren kann es zur Überbrückung der kulturellen Unterschiede hilfreich sein, Verhaltensrichtlinien zu etablieren, damit jeder im Team weiß, welches Verhalten erwartet wird. Das reduziert Frust und Konflikte, wenn die Teammitglieder nicht nur für sich denken, dass sie sich ein anderes Verhalten im Meeting wünschen. Bei der Ausarbeitung der Richtlinien sollte der Projektleiter aber die unterschiedlichen kulturellen Hintergründe beachten, damit die Richtlinien nicht nur auf Basis des eigenen Blickwinkels erstellt werden.

11.2.4. Geduld

Auch wenn die Zeit in Projekten immer knapp ist, so ist es bei der Arbeit in virtuellen Projektteams von hoher Bedeutung, die notwendigen Aufgaben und Tätigkeiten langsam anzugehen. Da die Kommunikation und Überwachung der Arbeit sich schwierig gestalten, muss der Projektleiter ein gewisses Maß an Geduld aufbringen und sich Zeit lassen, um die Situation, das Ergebnis und das Projektteam einzuschätzen. Das, was unser Gehirn an Informationen und Eindrücken über die Leistung der Teammitglieder in Face-to-Face-Meetings unterbewusst in Millisekunden verarbeitet, benötigt bei virtuellen Projektteams deutlich mehr Zeit, da diese Informationen bewusst, aktiv und rational verarbeitet werden müssen. Und für diesen Prozess muss der

Projektleiter sich Zeit nehmen. Daher muss er sich gedulden können, bis er sicher sein kann, dass er die Situation richtig eingeschätzt hat.

11.3. Zusammenfassung

Das Arbeiten in virtuellen Teams stellt den Projektleiter vor besondere Herausforderungen, wenn die Teammitglieder und er nicht die gleichen sozialen Signale und Eindrücke von den anderen Teammitgliedern erhalten können. Außerdem sind die Kommunikationsmöglichkeiten, insbesondere die spontanen und informellen, begrenzt.

Um diese Voraussetzungen zu überbrücken, muss der Projektleiter das Team aktiver führen, als dies bei einem traditionellen Team notwendig wäre. Dazu gehört, das Thema langsam anzugehen und den Teammitgliedern (insofern überhaupt möglich) ein wenig Zeit zu geben, sich zurechtzufinden. Er sollte auch darauf achten, dass die Kommunikation klar und deutlich für alle Beteiligte gestaltet wird sowie aktiv dem Team zuhören, um mögliche Konflikte und destruktive Gruppennormen rechtzeitig auffangen zu können.

Grundvoraussetzung für die Zusammenarbeit und den Erfolg eines virtuellen Teams ist es, dass die technischen Voraussetzungen gegeben sind und alle im Team mit der technischen Ausstattung vertraut gemacht worden sind.

Quellen

Alter, U. (2016). *Teamidentität, Teamentwicklung und Führung: Wir-Gefühl am Arbeitsplatz ermöglichen.* Wiesbaden: Springer.

Andersen, P. (2004). *The Complete Idiot's Guide to Body Language.* New York: Alpha Books.

Andrén, U. (2012). *Self-awareness and self-knowledge in profession – Something we are or a skill we learn.* Gothenburg: University of Gothenburg.

Aritzeta, A., Ayestaran, S., & Swailes, S. (1993). Team role preference and conflict management styles. *International Journal of Conflict Management*, S. 157-182.

Aritzeta, A., Swailes, S., & Senior, B. (2007). Selbin's Team Role Model: Development, Validity and Applications for Team Building. *Journal of Management Studies*, S. 99-118.

Bailey, R. (2010). *Philosophy of Education: An Introduction.* New York: Continuum.

Belbin, M. (2010). *Team Roles at Work.* New York: Butterworth-Heinemann.

Blake, R., & Mouton, J. (1964). *The managerial grid: key orientations for achieving production through people.* Houston: Gulf Publishing.

Bones, C. (2014). *The Beblin Guide to Succeding at Work.* New York: Bloomsbury.

Boyatzis, R., & Kolb, D. (1995). From learning styles to learning skills: The executive skills profile. *Journal of Managerial Psychology*, S. 3-17.

Duval, T., Silvia, P., & Lalwani, N. (2001). *Self-Awareness & Causal Attribution: A Dual Systems Theory.* Boston: Kluwer Academic Publishers.

Eberle, B. (2019). *Resilienz ist erlernbar: Wie Sie durch den Aufbau der inneren Stärke Stress bewältigen, widerstandfähiger werden und Depressionen vorbeugen.* München: BookRix.

Fischer, P., Jander, K., & Krueger, J. (2018). *Sozialpsychologie für Bachelor.* Berlin: Springer.

Fraser, A., & Neville, S. (1993). *Team Building: A Practical Guide.* London: Industrial Society.

Friedman, R., Tidd, S., Currall, S., & Tsai, J. (1993). What goes around comes around: The impact of personal conflict style on work conflict and stress. *International Journal of Conflict Management*, S. 32-55.

Glasl, F. (2004). *Konfliktmanagement: Ein Handbuch für Führungskräfte, Beraterinnen und Berater.* Stuttgart: Freies Geistesleben.

Herzberg, F., Mausner, B., & Snyderman, B. (1959). *The motivation to work.* New York: Wiley.

IPMA. (2014). *Kompetenzbasiertes Projektmanagement (PM3): Handbuch für die Projektarbeit, Qualifizierung und Zertifizierung auf Basis der IPMA Competence Baseline Version 3.0.* Amsterdam: International Project Management Association.

Jansson, T., & Ljung, L. (2017). *Project leadership for individuals and teams.* Lund: Studentlitteratur.

Kolb, D. (1984). *Experiential learning: experience as the source of learning and development.* Englewood: Prentice Hall.

Laufer, H. (2018). *Problematische Mitarbeiter erfolgreich führen: Hintergründe, Leitfäden und Lösungsvorschläge.* Wiesbaden: Springer.

Lienhart, A., & Volk, T. (2017). *Souveräner Umgang mit schwierigen Zeitgenossen.* Freiburg: Haufe.

Maslow, A. (1943). A Theory of Human Motivation. *Psychological Reviews*, S. 370-396.

Northouse, P. (2015). *Leadership: Theory and Practice.* New York: Sage Publications.

PMI. (2017). *A Guide to the Project Management Body of Knowledge (PMBOK Guide).* Newtown: Project Management Institute.

Pullan, P. (2016). *Virtual Leadership: Practical strategies for getting the best out of virtual work and virtual teams.* London: Kogan Page.

Rothermund, K., & Eder, A. (2011). *Motivation Und Emotion.* Wiesbaden: Verlag für Sozialwissenschaften.

Rüttiger, B., & Sauer, J. (2016). *Konflikt und Konfliktlösen: Kritische Situationen erkennen und bewältigen.* Wiesbaden: Springer.

Ryan, R., & Deci, E. (2000). Self-determination theory and the facilitation of intrinsic motivation, social development and well-being. *American psychologist*, S. 68-78.

Sagmeister, S. (2016). *Business Culture Design: Gestalten Sie Ihre Unternehmenskultur mit der Culture Map.* Frankfurt am Main: Campus Verlag.

Schein, E. (2016). *Organizational Culture and Leadership.* Hoboken: Wiley.

Schwinning, G. (2016). *Kommunikation, Führung und Zusammenarbeit in Unternehmen: Wahre Situationen und handfeste Lösungen.* Freiburg: Haufe.

Timinger, H. (2017). *Modernes Projektmanagement: Mit traditionellem, agilem und hybridem Vorgehen zum Erfolg.* Weinheim: Wiley.

Abbildungsverzeichnis

Abbildung 1: Projektmerkmale 15
Abbildung 2: Grundaufbau eines Projektteams 19
Abbildung 3: Die neun Teamrollen nach Belbin 23
Abbildung 4: Tuckmans Modell der Teamentwicklung 39
Abbildung 5: Führungsverhalten beziehungsweise Bedarf an Führung während der Teamentwicklungsphasen von Tuckman45
Abbildung 6: Einstellungen bestehen aus einem emotionalen Teil, einem Verhaltensteil und einem kognitiven Teil. Eine Einstellung wirkt sich auf das Verhalten aus. 52
Abbildung 7: Maslows Bedürfnispyramide 71
Abbildung 8: Alderfers ERG-Theorie 74
Abbildung 9: Herzbergs Hygienefaktoren 77
Abbildung 10: Konfliktarten 96
Abbildung 11: Konfliktepisoden 103
Abbildung 12: Die neun Eskalationsstufen nach Glasl 105
Abbildung 13: Konfliktlösungsstrategien / Konfliktstile 113
Abbildung 14: Der erste Eindruck? 119
Abbildung 15: Pygmalion-Effekt bzw. Selbsterfüllende Prophezeiungen 121
Abbildung 16: Der ultimative Attributionsfehler 124
Abbildung 17: Lernstile nach Kolb 139
Abbildung 18: Der Lernkreis nach Kolb 143
Abbildung 19: Aufbauorganisation 170
Abbildung 20: Matrixorganisation 173
Abbildung 21: Projektorganisation 175
Abbildung 22: Führungsstile 180
Abbildung 23: Führungskompetenzen nach Katz 182
Abbildung 24: Reifungsgrad der Mitarbeiter in situationsbedingtem Leadership 184
Abbildung 25: Führungsstil in situationsbedingtem Leadership, je nach Reifegrad der Mitarbeiter 185
Abbildung 26: Prioritäten-Matrix 194

Abbildung 27: Kompetenzbereiche eines Projektleiters. Obere Zeile: PMI, Untere Zeile: IPMA 209
Abbildung 28: Joharifenster 217
Abbildung 29: Feedbacktreppe 222
Abbildung 30: Virtuelles Projektteam 229